SERGE BOUCHARD

Né à Montréal en 1947, Serge Bouchard est un anthropologue passionné d'histoire et d'« amérindianité ». Écrivain et conférencier, il est l'auteur d'une quinzaine de livres, écrits seul ou en collaboration. Depuis 1998, Serge Bouchard anime l'émission *Les chemins de travers* à la Première chaîne de Radio-Canada et, depuis 2001, l'émission *De remarquables oubliés* où il retrace les récits des occultés de l'histoire du Québec, du Canada et, plus largement, de l'Amérique française.

Confessions animales

BESTIAIRE

« Je suis le loup, je suis la loutre, je suis le caribou, je suis le carcajou... » Il est Serge Bouchard, l'inclassable, une espèce de pic qui se casse la tête sur une matière dure, à chercher, chercher : *qu'est-ce qu'être?* Ce bestiaire (publié initialement aux éditions du passage) est un appel de l'Espace sauvage. Entendez craquer les épinettes, tambouriner la perdrix, penser la mouche, bondir le lynx; écoutez les confessions de l'ours-qui-pue et du castor qui se rit de nous, pauvres humains. L'anthropologue, l'écrivain, le conteur nous révèle ici une part de sa pensée sauvage et son imaginaire.

Confessions animales

BESTIAIRE

DU MÊME AUTEUR

Le Moineau domestique, Montréal, Boréal, 1991 ; 2e édition, 2000.

L'homme descend de l'ourse, Montréal, Boréal, 2001.

Récits de Mathieu Mestokosho, chasseur innu, Montréal, Boréal, 2004 ; traduction en anglais : *Caribou Hunter: A song of a vanished life*, Vancouver, Greystone Books, 2006.

Les Corneilles ne sont pas les épouses des corbeaux, Montréal, Boréal, 2005.

Bestiaire : confessions animales, Montréal, éditions du passage, 2006.

Bestiaire II : confessions animales, Montréal, éditions du passage, 2008.

Elles ont fait l'Amérique. Remarquables oubliés tome 1, Montréal, Lux Éditeur, 2011.

C'était au temps des mammouths laineux, Montréal, Boréal, 2012 ; Boréal Compact, 2013.

EN COLLABORATION AVEC BERNARD ARCAND

Quinze lieux communs, Montréal, Boréal, 1993.

De nouveaux lieux communs, Montréal, Boréal, 1994.

Du pâté chinois, du baseball et autres lieux communs, Montréal, Boréal, 1995.

De la fin du mâle, de l'emballage et autres lieux communs, Montréal, Boréal, 1996.

Des pompiers, de l'accent français et autres lieux communs, Montréal, Boréal, 1998.

Du pipi, du gaspillage et sept autres lieux communs, Montréal, Boréal, 2001.

Cow-boy dans l'âme : sur la piste du Western et du country, Montréal, Éditions de l'Homme, 2002.

Les Meilleurs Lieux communs, peut-être, Montréal, Boréal, 2003.

Serge Bouchard

Confessions animales
BESTIAIRE

BIBLIOTHÈQUE QUÉBÉCOISE

BQ BIBLIOTHÈQUE QUÉBÉCOISE est une société d'édition administrée conjointement par les Éditions Hurtubise inc. et Leméac Éditeur. BQ reconnaît l'aide financière du gouvernement du Canada par l'entremise du Fonds du livre du Canada pour ses activités d'édition et remercie le Conseil des arts du Canada, la Société de développement des entreprises culturelles du Québec (SODEC) et le Programme de crédit d'impôt pour l'édition de livres du Québec (Gestion SODEC) du soutien accordé à son programme de publication.

Conception graphique : Gianni Caccia
Typographie et montage : Luc Jacques typographe

ISBN 978-2-89406-344-6
Dépôt légal : 3e trimestre 2013
Bibliothèque et Archives nationales du Québec

Distribution/diffusion au Canada :
Distribution HMH

Distribution/diffusion en Europe :
DNM-Distribution du Nouveau Monde

IMPRIMÉ AU CANADA

à Lou, notre fille loup, notre enfant lo

BESTIAIRE [bɛstjɛr] n. m. (v. 1119; empr. au lat. médiéval *bestiarium*, même sens, de *bestia* « bête »)
1 Hist. littér. Au Moyen Âge, Recueil de fables, de moralités sur les bêtes. *Le bestiaire* de Philippe de Thaon. – Par ext. Recueil de textes en vers ou en prose poétique sur les animaux. *Bestiaire illustré. Le Bestiaire ou Cortège d'Orphée* de G. Apollinaire.
Fig. Ensemble d'animaux décrits, évoqués.
[...]

2 Arts. Œuvres d'art présentant un ensemble, une série d'animaux; ensemble de l'iconographie animalière (d'un style, d'une époque, d'une civilisation). *Le bestiaire roman, gothique. «Dans le marbre blanc, veiné de gris, les motifs du bestiaire persan importés par les Arabes multiplient sur les chapiteaux et les portails les lions, les griffons, les bouquetins, les sirènes»* (Jaques Laurent, *les Bêtises*).

Dictionnaire culturel en langue française
Le Robert 2005

Je suis le pic

Cette note est de l'auteur. Nous pourrions l'intituler Avertissement. *Car avant d'entreprendre la lecture de ces* Confessions animales, *il est bon d'être averti.*

JE NE SUIS PAS UN ANIMAL SAUVAGE d'Amérique septentrionale, mais il se pourrait bien que je le sois. Je pourrais être un pic ; comme le pic, je me casse la tête sur une matière dure, aussi résistante que nourrissante. Je pense au pic et à la pelle. Je cogne du bois, je frappe de la pierre, je rebondis contre des murs : *qu'est-ce qu'être ?*

Je pourrais également être un arbre, cet arbre-là, cet orme centenaire. Et me voilà dans ses racines, dans son écorce et dans son cœur. Je suis le témoin de son âme, puisque les arbres ont une âme. Naturellement je suis cet oiseau, cette mésange, cette hirondelle. J'imagine d'où elle vient, où elle niche, ce qu'elle croit, ce qu'elle transporte de mémoire. Je suis ce caillou, ce bloc erratique. Je suis les yeux du rocher, recherchant les images imprimées depuis cent millions d'années.

Quand je saurai ce qu'est *être grenouille, gravier, pneu, flocon de neige, poteau, souris des bois,* alors je saurai ce qu'est *être un homme.* Détour naïf, quête sauvage, voilà bien ma gageure. J'ai toujours pensé que le pic cherchait quelque chose quand il se fend la tête à faire des trous dans le mystère des troncs.

Vivre, c'est toucher du bois…

Voilà les *Confessions animales* des animaux que j'ai tant aimés. Des brins et des débris, des copeaux, de la poussière d'arbre mort, les retombées de mon bec obstiné, simple fait de ma tête dure qui frappe et se frappe contre le mur de la beauté inexpliquée parce que inexplicable.

Serge Bouchard

Je suis l'ours

La première religion de l'homme

Ceci est mon corps. Dieu sait qu'on m'a prié, invoqué, célébré. Moi qui fus le « festin à finir », *Makousham*, l'ours qu'il fallait tout manger en un seul repas, l'action de grâce, danse, tambour de la grande communion, étole de chef, cape de chamane, je mourais pour que tu vives, pour que ta famille vive. J'étais « petit grand-père », « petite grand-mère », la voie de toutes les renaissances. La vérité se trouvait dans la graisse, dans le sommeil profond, dans la force de l'ours noir, puissance du rêve et de l'esprit. Tu peignais mon crâne, tu le tournais vers les orients, tu me traitais comme si j'étais saint Important.

Voilà *Mashk* dont le petit est *Mashkoush*, j'ai bien dit *Mascouche*, le petit ours. J'occupe les bois imaginaires, le fond des forêts noires qui n'existent que dans vos peurs ; et vous croyez à vos histoires de peur. Je suis le souvenir profond de vos plus anciennes terreurs, le tueur des tueurs, *Mashkinongé*, le poisson-ours, prédateur jusque dans le fond des lacs, *Mistamashk*, le très gros, le très grand, l'ours des cavernes qui se lève, debout, menaçant, qui grogne en postillonnant, en gesticulant, le monstre qui surgit au travers des sentiers, le kodiak, le grizzly. Pourtant, l'ourson est votre doudou préféré, il est votre tendresse, votre attachement, votre retour sur vous-même mais surtout à l'enfance, gros nounours, petit cœur de poil, la peluche de l'âme innocente. Je suis Yogi, je suis Winnie et quoi encore, vedette des bandes dessinées, des dessins animés, mon image n'a jamais été aussi bonne depuis que plus personne ne me voit tel que je suis.

Je suis le grand sauvage épicurien qui rêve de miel et de caramel, de framboises et de crème glacée, de sundaes au chocolat, de la cerise ultime que je cherche sous les souches. J'aime le saumon aux bleuets, les fourmis aux fraises des champs, les noix, les confitures, tout ce qui est sucré. Mais je ne lève le nez devant rien. Car il faut que je mange. Être un ours, c'est avoir faim. Il est crucial que je sois gros. L'ours maigre n'a aucune chance de passer l'hiver. Lorsque je me couche, au début de décembre, je monte sur la balance et mon poids dira mon avenir. Il n'est pas de discours sur la bouffe dans la société des ours. Notre poids santé, c'est le poids maximum. Nous croyons en la théorie du gras-dur, sachant bien que c'est là une question de vie ou de mort.

Je suis un être entier, comme on dit. Je suis fort comme Hercule, capable de renverser des pierres pesantes, de déraciner des forêts, quasiment. Force de la nature qui est force trapue, image en fait de la vraie force musculaire, ronde et ramassée sur elle-même, calculée, calme, mais forcément bruyante, souffleteuse, pneumatique. L'ours est tout sauf raffiné.

Je suis rapide à la course, je grimpe dans les arbres, je ne déteste pas l'eau. Je suis champion des jouissances du sommeil, je dors comme une marmotte, je dors comme un juste; je me gratte le dos en me frottant sur les arbres secs, je flâne volontiers, mais en réalité, je patrouille à longueur de journée, athlète de la sieste, certes, mais redoutable au combat, en possession tranquille de mes moyens. Je suis l'ours, la patte d'ours, la griffe d'ours, la dent d'ours.

Le saviez-vous : les ours s'aiment intensément. L'ours et l'ourse ne sont pas économes de leurs ébats aux temps estivaux de la passion. Il faut bien qu'oursons se fassent. Alors, pendant quelques semaines, deux ou trois, les ours ne font que ça, l'amour. Nous sommes entiers, l'avais-je dit ? Pas question de manger, de dormir ou d'être dans la lune. On ne se lâche pas d'une semelle, un mâle est un mâle, une femelle est une femelle. Il s'en casse de la branche dans les sous-bois, il s'en grogne du plaisir dans les broussailles et tant de vieux arbres s'en souviennent !

L'ourse aime ses oursons comme personne dans la nature. Elle les défend contre les mouches et même contre le vent. Pour les protéger, elle devient plus forte que l'ours fort des légendes d'ours. Elle est professeure, maternelle, primaire et secondaire, elle conduit ses petits jusqu'à la fin de leur jeunesse. Mère universelle, mère université. L'école de tous les ours est une élémentaire maternité.

L'avouerai-je? Je pue comme cent mouffettes en panique, comme mille putois en fuite. Cette affaire, gênante en apparence, est peu connue des humains qui ne m'approchent plus guère. Je le répète, j'existe surtout dans vos imaginaires. Mais j'ai une vie, et dans cette vie, mon odeur qui fait les fougères se faner est pour le moins extraordinaire. Encore une fois, je suis entier. Cependant, tous les goûts sont dans la nature. J'aime assez mes effluves et fragrances. À mon approche, les mouches comme les abeilles abandonnent leurs petites méchancetés. Et si d'aventure une se risque dans mon poil, elle meurt au bout d'un temps, étouffée par la chaleur, l'odeur, la noirceur.

Si rien ne me tue, je vieillis. Parlons-en de la grande vieillesse! Il n'est pas de caverne pour ours retraités. L'âge extrême de l'ours est de quarante ans. Qui se soucie de mon déclin, de mon arthrite, de mes caries et névralgies? Mes souffrances sont à la mesure de mes jouissances. Et Dieu sait que je jouis.

Le dompteur d'ours a fait de moi une bête de cirque. Que de cages, que de pièges, que de chasses barbares et d'humiliations inutiles. L'homme est un ours qui a mal tourné. Un ours mal léché, c'est-à-dire mal formé, mal sculpté. Car l'Ourse mythique, créatrice de l'humanité, a fait la vie à partir d'argile qu'elle a léchée pour lui donner une forme; sauf son respect, elle fut parfois brouillonne.

Moi qui fus tel que l'homme dans mes gestes, dans mes os, mes formes, dans mes dérives et appétits, dans mes compulsions et mes pathologies, moi qui suis le père adoptif de l'humain, sa mère éducatrice et sa réincarnation selon les dires algonquiens, moi, l'ours noir, Baribal, je suis l'esprit même de la vie. Oui, je suis de la même mouture que les humains, léché par la mère des mères. De la pureté je puis être le miroir, mais je m'abîme trop souvent dans le premier des dépotoirs. L'homme et moi étions vraiment faits pour vivre ensemble. Pendant longtemps nous nous sommes entendus. Mais à présent nos voies se séparent sans vraiment s'écarter, moi qui saccage tes chalets pour un sachet de sucre et toi qui te diabétises dans tes salons moelleux, en regardant à la télé *La vie des Ours*, d'après Disney.

Plus personne aujourd'hui ne se rappelle la prière faite à l'ours, plus personne ne respecte notre repos. Les débusqueuses nous passent dessus la nuit, moteur diesel et dents de scie, tout de nous est profané sans que personne ne se pose la moindre question quant à notre destin de sinistrés. Les compagnies forestières récoltent du bois comme si nous n'étions pas là. De plus, on nous tue sans manière, pour notre vésicule dont on raconte qu'elle a toutes les vertus. Pauvres de nous, notre vésicule, ah! misère! Il n'est plus une souche, un recoin, une place où nous pourrions dormir tranquilles.

Dommage de la mémoire, dégât de l'amnésie. Je suis *Mashk*, la première religion de l'Homme, avant Yahvé, avant Bouddha, avant quelque Allah que ce soit. Si tu m'aperçois sur une route de gravier jaune entre une petite ville perdue et une autre petite ville perdue, au milieu de la vaste Boréalie en train d'être déforestée, arrête ta voiture et jase avec moi. Tu me verras balancer la tête, te parler, te parler. Je suis le Dieu de ton bon Dieu, ta première prière. Je suis les Anciens et les Anciennes dans un monde qui n'a cure ni de l'ancien, ni de l'ancienneté.

Je suis le chevreuil

Le plus beau bond du monde

JE SUIS CHEVREUIL, appelez-moi misère. Si beau, si belle, une bénédiction, voilà ce que je suis, une apparition furtive, une queue blanche qui bondit, une épiphanie ; mais la difficulté d'être vient en partage. Il en faut de la force et du vouloir pour être chevreuil. Depuis toujours, les prédateurs nous élèvent au panthéon des proies, nous trônons au sommet du tableau de chasse de tous les amateurs sportifs. Nous sommes le trophée universel. Il en faut de la bonne humeur, face à un destin si absolument cruel, pour seulement rebondir.

Tu as vu mon museau, ma tête, mes yeux, ma silhouette ; mes bois de mâle sont des panaches superbes, belles pointes, fines courbes, branches sculptées, éloge de la grâce. Cerfs, cerfs, formes fuyantes, dansantes, évanescentes, ombres dans le brouillard matinal, ombres aux orées des sombres forêts de la nuit. Notre amour des pommes a fait de nous des *silhouettes de tir* depuis que le chasseur de fin de semaine nous invite, par sa ruse, à ses festins. Comment résister à pareilles douceurs ?

Fuyons, fuyons, grands mâles sauvages et solitaires, retirons-nous dans les collines, les montagnes et les creux. Ermites des pessières, des érablières, sauvons notre peau, c'est novembre, la mort va frapper. Car si l'homme est un loup pour l'homme, imaginez ce qu'il est pour le chevreuil : un chien enragé à chemise rouge carreautée, psychopathe automnal qui tue pour tuer. Pourtant, et cela pourrait vous surprendre, je respecte le bon chasseur. Honneur au chasseur qui suit les règles de mon jeu, honneur à celui qui me chasse de la bonne manière. Je sais bien que je suis une proie, mais je suis une proie dans la dignité, je réclame ma chance de chevreuil, je ne veux pas crever comme une bête. Chasser le chevreuil est une grande affaire, il faut l'aimer, le chevreuil, respirer l'air qu'il respire, s'imprégner. Un chevreuil, cela se mérite.

Bond gracieux, le plus beau bond du monde, il faut voir un chevreuil s'enfuir pour savoir ce que c'est que bondir. Et ce que la Nature peut avoir de beauté dans sa mire. Le chevreuil danse quand il détale et le petit faon colle à la queue de sa mère, comme à un tutu blanc.

As-tu vu mon faon, mon bébé faon que je cache ? Ses taches reproduisent des trous de lumière comme il s'en perce dans les sous-bois ; il est roux comme un tapis d'aiguilles de pin, il est invisible dans les hautes herbes, dans les foins, il se confond avec les bouquets de marguerites. Il se lève sur ses pattes fragiles, il court, malhabile, enjoué, effarouché. La nature a-t-elle fait créature plus charmante que ma petite biche tachetée ? Qui lui ferait du mal sinon les coyotes égorgeurs, les loups sans cœur, et jusqu'aux mouches noires, ces poussières d'acharnement qui empoisonnent les beaux jours de juin. Bienvenue au monde, mon faon, éclair de beauté absolue !

Note : je suis aimable et admirable, mais attention ! de mes pattes arrière, de mes sabots coupants, j'ai cassé la gueule à nombre de coyotes imprudents. Bien surpris qui pensait mordre. Car voilà mon secret : je suis un combattant, un résistant, une bête féroce quand on me pousse dans mes derniers retranchements.

S'il est un animal civilisé, ce serait moi. Je suis à l'aise dans vos vergers, vos champs, vos jardins, vos petits boisés. Il est même des humains, allez comprendre, qui me flattent, qui me nourrissent, qui me contemplent, qui m'aiment – l'humain est une créature complexe, mystérieuse, imprévisible. Je suis si près de vous, en somme, je vous suis presque familier. Ensemble nous partageons ces routes, ces chemins, ces clôtures, ces panneaux de la voirie qui reproduisent mon image, nous partageons l'hiver et nous suivons pareillement la saleuse, ô le sel, j'aime le sel immodérément ! Que voulez-vous, l'humanité m'est profitable. Ah ! si je savais rester dans la forêt !

J'ai moi aussi mes travaux et mes jours, petits matins de janvier gris, lendemains de verglas, calvaire de la neige épaisse, torture de la croûte coupante, nuits de famine et de grands froids qui m'empêchent de dormir et m'obligent à marcher pour me réchauffer, d'un bout à l'autre de mon *ravage*, surpris par le bruit sec des arbres qui éclatent, ce bruit qui me rappelle le coup de feu du chasseur ; qui me rappelle aussi mes pauvres cousins d'Anticosti, cerfs de Virginie loin de leur douce Virginie, parachutés au beau milieu du Saint-Laurent, il y a des lunes, pour satisfaire les fantasmes d'un petit gros épris de safaris, un riche chocolatier qui eut l'idée grossière de les implanter sur l'île, exterminant les autres prédateurs pour réserver les chevreuils à son seul fusil ainsi qu'à ceux de ses amis, petite société oisive à la cruelle désennuyance. Il s'appelait Menier, le maniaque.

Je suis la biche du lac La Biche, le cerf du lac des Cerfs, le faon de la rivière aux Faons, le chevreuil blanc de la Montagne Verte, le chevreuil roux de la rivière Rouge. J'en connais, des miens, qui remontent vers le Nord, à la recherche de la paix et de l'ensauvagement. Entre les champs des Cantons-de-l'Est et la taïga abitibienne, le pays des chevreuils ne cesse de s'agrandir. Ainsi s'en vont vers l'inconnu les grands chevreuils de la légende, les mâles au large poitrail, les femelles aux grands vouloirs, les petits qui grandissent à la vitesse des mois d'été.

Je suis une étincelle de survie, un passage, une image-seconde. Nous sommes des âmes en cavale, des taches immaculées. Car nous avons la légèreté de l'âme libre, nous imitons la course des esprits.

Je suis le castor

Fondateur de la Banque de Montréal

Du respect, mes amis, du respect. Vous qui aimez tant les girafes, les tigres et les lions, vous qui aimez le cirque, les éléphants de cirque, sachez que vous négligez le plus important. Moi Castor, je suis l'histoire de l'Amérique du Nord, je suis le Canada, une bonne partie des États-Unis, et sous mes airs balourds, reconnaissez la bibliothèque idéale, la mémoire intégrale, l'archive nationale.

Le cœur de cette histoire est une cabane au milieu d'un étang. C'est une digue et puis une autre, un ruisseau qui fait lac, mon duvet devenu feutre, chapeaux, manteaux, capitaux, empires, livres et dollars, voyages et sacrifices, explorations, je suis celui pour qui tu as marché l'Amérique de bout en bout, de l'est à l'ouest, ne négligeant aucune vallée, aucune coulée, trappant, tirant, je suis la source de ta fatigue, de ta richesse et de ta mélancolie.

Je suis une paire de dents, une grosse queue-gouvernail, une boule de muscle, une boule de graisse, une boule de poils duveteux, une boule d'énergie. J'ai habillé l'Innu, le Cri, le Dènè, l'Algonquin et l'Attikamek, je fus leurs anciennes fricassées, ils me chassaient, me vénéraient. Je fis la fortune des compagnies, celles de la Baie d'Hudson et du Nord-Ouest, l'American, la Pacific, celle de la Missouri, je suis le Chemin de Fer, les Châteaux à Québec et à Banff, j'ai fondé la Banque de Montréal. Travaillant, vous dites ?

Cabane se dit *Canada* en iroquois. C'est bon, c'est bien, mais plus édifiant, je crois que ce pays aurait dû s'appeler *Castoria* et être habité par des *Castoriens*. Hélas ! On m'a laissé derrière, sur la face d'un cinq sous, dans l'amnésie totale, moi qui étais hier monnaie courante. Remarquez, cela me va, finalement. Je suis casanier, travailleur de nuit, routinier, obstiné, je suis au bonheur de ma famille, encabané justement, tirant ma joie des petites choses, des brindilles et petits bouts de bois, fier de mes barrages, de la vie que je donne, fier de mes petits castors et de mes ancêtres, nous qui avons tant donné au monde.

Aujourd'hui, après une si grande saga, nous sommes vraiment en marge. Qui s'en soucie ? Je ne suis pas sûr d'avoir une juste place dans vos manuels d'histoire ou même d'exister encore dans votre mémoire. Une famille de castors n'est plus qu'une engeance, qui inonde des bouts de route, qui bouche les tuyaux de calvette, bref une nuisance. Pour me comprendre, il faut comprendre la nature, tout simplement.

Passons aux aveux : je prends un plaisir fou à observer un humain en train de défaire mon barrage avec ses deux mains. Il cherche la faille, la branche maîtresse, il est convaincu d'en venir à bout. Quand il ouvre une brèche, il se croit le vainqueur. Alors, il va se coucher. Durant son sommeil, nous colmatons le trou en quelques minutes et nous passons le reste de la nuit à nous tordre de rire. Venez, venez, mes petits castors, venez voir un humain se prendre pour un génie ! Et ça recommence nuit après nuit, je fais, il défait, je refais...

Entends ma queue qui claque à la surface de l'eau, entends l'écho des trembles qui tombent sous le travail des miens, regarde la somme des copeaux, et rends à Castor ce qui revient à Castor : c'est nous les patrons des trappeurs, des coureurs de bois, des bûcherons, c'est nous les saints patrons des travailleurs, des ingénieurs, des hydrologues, des architectes paysagistes, c'est nous les inventeurs des garderies, de l'amour des enfants et de la protection des vieux et des vieilles, c'est nous les créateurs de richesse, c'est nous les véritables banquiers.

Et dire qu'au fil du temps, vous avez failli avoir notre peau...

Je suis l'écureuil roux

Le garde-notes

JE SUIS *ANOKOUTSHA*, à l'envers comme à l'endroit, tête en haut, tête en bas. Petit jaseur heureux, grignoteur de temps, celui qui est toujours là, à son poste sur sa tour de guet, l'humble notaire des domaines retirés, curieux et consciencieux de tout ce qui se raconte entre les branches. J'ai pour mon dire mon arbre, mon arbre dans les arbres ; je suis le sage de l'habitude, le philosophe de l'habitat. Inutile de chercher aux quatre coins du monde ce que tu possèdes déjà. La Terre est grosse comme une noix, les plus grandes vérités n'ont jamais l'air de rien, et l'univers entier tient entre deux sapins.

Nous sommes tout petits, entre marmottes et souris, un brin plus gros que le tamia rayé, un cousin proche qui n'est pour nous qu'un apprenti. Nous, les écureuils roux, notons ce qui se passe et ce qui ne se passe pas, nous sommes les garde-notes du silence et de la paix. Nous voyons tout et nous avons tout vu. Dans le treillis inextricable des branchages de sapin, du haut de nos épinettes, nous sommes aux premières loges, observant le monde sans trop être aperçus. Mais nous n'avons pas peur de nous montrer, le jeu de cache-cache nous plaît assez.

Remarquez cette drôle de chose : être si nerveux, si frétillant, avoir un cri si strident, cela n'est pas très indiqué pour un fonctionnaire de la tranquillité. Mais que voulez-vous, c'est dans notre nature. Notaire peut-être, mais notaire criard, un peu brouillon, surexcité. Oui, bien souvent, dans les régions les plus sauvages, le cri de l'écureuil roux est le seul qu'entendront les humains solitaires qui voyagent en forêt. Longtemps nous avons exaspéré les chiens des Indiens, leur faisant le coup de la bravade.

Cocottes, glands, noix, graines, je ne manque de rien. D'ailleurs, je suis bien fait quand on y pense. C'est un grand luxe d'être bien fait. Champion sauteur, danseur, coureur, grimpeur, j'enfile les mouvements comme un athlète virtuose ; trapéziste, funambule, je zigzague à la vitesse de l'éclair, glanant dans les hauteurs, mon ami Polatouche va même jusqu'à planer. Notez bien : peu de gens connaissent Polatouche. C'est l'écureuil du quart de nuit. Il se prend pour un oiseau de nuit, justement, il a des membranes entre les pattes et il plane sur une bonne distance. Nous sommes tous bien fiers de lui.

Mon monde est écorce, odeur de résine, cœur d'épinette, gomme de sapin. Je suis l'image du confort, assis sur mes pattes arrière, ma queue sur mon épaule, adossé à la fourche d'une branche, grignotant, grignotant. Ma queue est ma fourrure, mon manteau, ma couverture. Et je passe l'hiver comme on passe le temps, normalement. Il y a moi, les geais et les mésanges pour mettre un peu de vie dans les gelées d'hiver.

Et si je consultais mes notes. Cette année, j'ai vu cette famille de castors aménager trois étangs, avec digues et réserves de nourriture. Mais un glissement de terrain est survenu trop près de leur hutte et, malgré un travail acharné de plusieurs mois, ils ont dû déménager leurs pénates un peu plus bas sur le ruisseau. Courageux, ces castors qui ont tout repris à zéro, au risque de ne pas finir leur maison pour l'hiver! Une jeune orignale a passé trois jours dans les parages, elle semblait en grande forme, et je dois dire que sa présence m'a fait m'égosiller. C'est plus fort que moi, il fallait que je crie. Et puis, il y a ce vieux pin blanc, dans la pente, juste au bout de l'*esker*, qui finalement est mort durant l'automne, dans la 196e année de son âge – voyez comme nos registres sont précis. Ce jeune sapin aussi, mort soudainement sans qu'on sache pourquoi; il est devenu rouge en l'espace de deux semaines.

Les écureuils se parlent, d'arbres en arbres. Ils s'échangent de l'information, ils s'avertissent. Si bien que lorsque la foudre tombe au Labrador sur une épinette noire, roussissant la queue d'un écureuil roux, la nouvelle lentement voyage, du Labrador jusqu'à Val-d'Or; et ce qui se passe de remarquable dans les bois derrière Paspébiac sera répété dans les bois de Pontiac. Chablis majeur, feux de forêt, activités de la tordeuse ou de la mouche à scie, activités forestières des humains, nous savons tout grâce à notre réseau.

La société des écureuils roux mériterait d'être mieux connue. Nous aurions pu écrire ce livre : *De la brièveté de la vie.* Nous vivons en effet au maximum cinq ans et chaque écureuil vous dira que cinq ans, c'est vite passé, surtout quand on vit au cœur de l'éternité. Un écureuil est un clin d'œil, un atome de mémoire. Mais comme nous sommes nombreux, que nous couvrons un immense territoire, que nous avons le courage immémorial des mammifères élémentaires, humbles, résistants, féconds, il est notoire que nous sommes toujours là, témoins comméreux de la longue marche du temps.

Justement, permettez-moi de commérer un peu... Sachez que nous nous dissocions fortement de l'écureuil gris des villes, ce rongeur décadent qui ternit la réputation de l'espèce. Mais faut-il lui en vouloir? Il a perdu le nord, il n'en a que pour ses parcs urbains, ses poteaux, ses ruelles, ses érables argentés. Il va même jusqu'à manger des fils! Vous ne verrez jamais un écureuil roux tomber aussi bas. Nous ne sommes pas chauds, rapport aux divertissements humains. Je ne saurais m'endormir à la clarté électrique, au son des sirènes de police, aux grondements des autobus qui s'extirpent d'un arrêt pour mieux décélérer au prochain.

Non, moi je m'endors au chant du pinson Frédéric, je vois la lune en ses quartiers et dans sa plénitude, je vois l'étoile du berger, toutes les étoiles de la Voie lactée. Sur ma branche, je ne rate pas une seconde du spectacle de la Terre-Mère, quand le spectacle n'est pas embrouillé par les comédies humaines. En juin, je sens monter la sève dans les épinettes, je sens la mollesse de l'écorce, je vois les bourgeons éclater et les pousses pousser, je vois des caribous, des carcajous, j'attrape le son de tous les vents, je vois dans le brouillard la silhouette de la mère chevreuil qui guide son faon, je vois tous les soirs les corbeaux repus qui s'en retournent chez eux, frôlant de leurs ailes nonchalantes la tête des arbres, je vois les feuilles naître, traverser l'été et je les vois jaunir, rougir et puis tomber, j'entends le cri désespéré du lièvre qu'un renard a surpris dans la nuit, le bruit du ruisseau gonflé par cet orage de la soirée, j'entends l'eau qui dévale et se faufile, qui arrondit la pierre, ce pic qui picosse dans le lointain, je vois ce jeune peuplier arc-bouté, ce bouleau à bout d'âge, ce merisier aux éternelles boutures ; mon univers est si petit, mais il est si immense.

Les Indiens de la forêt boréale m'attrapaient autrefois. J'étais la fourrure des enfants, mitaines de fillettes, capuchons de gamins. Il y a cinquante ans, ma peau sur le marché valait 63 sous. Je suis l'écureuil roux, l'écureuil à 63 sous, la petite proie de la buse pattue, de l'autour des palombes et de tous ces oiseaux effrayants qui peuplent nos plus mauvais songes. Je suis *Anokoutsha*, l'écureuil roux de la Boréalie, là où règnent la loi de l'arbre et la loi de l'ours, même la loi du temps, le temps qui se fabrique, s'égrène et finalement s'abîme.

Je suis le pékan

Petite machine à tuer

JE SUIS NOIR, allongé, fureteux, furtif, l'œil non averti pourrait facilement me prendre pour un chat. Ma fourrure se mêle à la noirceur, ma solitude se moule au silence, mon métier se fond aux drames de la nuit. Car je suis un tueur professionnel, concentré, exécuteur invisible des œuvres cruelles de la Terre-Mère. Il faut que chasseur chasse, que prédateur tue, que la mort engendre la vie. Moi, le Pékan, je suis le parangon de la prédation. Toutes proportions gardées, les lions et les tigres seraient des amateurs, comparés à moi. Car, avec mes manières et mes moyens, ma mentalité et mon office, si j'avais la grosseur d'un lion, toute l'Afrique ne serait pas assez grande pour assurer la fuite des gnous et des gazelles.

Les animaux, comme les mots, aiment être bien nommés. Je suis le pékan, ce qui est un beau nom, un que je porte fièrement, comme je porte fièrement le titre de plus grosse martre sur le territoire. Mais qui désormais me sait, me pense ? Qui désormais arpente suffisamment les bois, je veux dire à pied, longuement et attentivement pour juste m'apercevoir, m'interpeller, me dire dans ses histoires ? Je ne vois plus personne, personne ne me voit plus. Où sont passés ces trappeurs, ces chasseurs, ces tueurs intelligents qui se colletaient avec nous, les pékans, plus tueurs qu'eux? Entre gens de métier, on se comprenait.

Les martres, en effet, sont des prédateurs effroyables. Saluons ici la Nature qui s'est surpassée en matière d'efficacité meurtrière : petites machines à tuer (et à bien tuer), précision chirurgicale, sang-froid, les martres ne font pas dans le sentiment. Souris, écureuils, geais, lièvres et perdrix, tous sont condamnés du moment que je me mets en chasse. J'entre dans les terriers, je grimpe aux arbres, je me glisse et me faufile dans le creux des roches, en équilibre sur les troncs couchés, une vraie mort qui rôde.

J'ai une faiblesse que les trappeurs d'autrefois connaissaient bien et qu'ils mettaient à profit. Pour ceux qui l'ignorent, je vous en fais la confidence : je suis bêtement routinier. Je fais toujours les mêmes rondes de patrouille, marchant toujours dans mes sentiers, à l'aller, au retour, même si les distances que je parcours peuvent être considérables, je passe et je repasse sur mes propres pas, régulier comme un philosophe allemand. Un humain qui d'aventure découvre le tracé de ma sente est en principe capable de me surprendre. Mauvaise surprise en vérité, mais le trappeur a un travail à faire. Je ne l'accuserais point de péchés que je ne voudrais pas que l'on m'attribue. Allez, tue-moi selon le code d'honneur qui lie tous ceux qui ont des vies à prendre, mais qui ne tergiversent pas quand il s'agit de donner la leur.

J'ai eu pendant longtemps le malheur d'être fourrure de luxe, ma peau valait des centaines de dollars jadis. Trois cents dollars en 1924, imaginez la fortune! (Les animaux à fourrure sont très au fait des prix, depuis 500 ans qu'ils écoutent les discussions des trappeurs.) Aujourd'hui, mon poil ne vaut plus rien, et plus personne ne me veut. Je dis tant mieux, même si j'ai la nostalgie des temps anciens. Une tête mise bellement à prix remonte d'autant l'ego de celui qui est poursuivi.

La Nature m'a donné des ressources et des moyens, des dons et des talents. Vivre pékan, c'est vivre richement. Entre la martre naine, grosse comme une souris, et le carcajou glouton, gros comme un petit ours, je suis là, le *pékan nord-américain*, centre et moyeu de mon genre, je fais l'envie de l'hermine commune et de la commune belette, on me cite chez la zibeline, mes exploits font les belles soirées des furets et des visons. Je suis hors du «commun», virtuose, artiste de la mise à mort, de la poursuite et de l'affût, j'ai l'assurance tranquille des professionnels, taille parfaite, silhouette élégante.

Je suis l'œil noir et dur de la triste vérité. Le lièvre va mourir, la vie bondissante ne va plus rebondir, il faut que cela soit, que cette violence soit pour que la vie foisonne. Et comme toute vérité naturelle, oserai-je cet aveu, je pue, plus que l'ours, plus que le putois. Je suis l'odeur suprême, l'effluve quand il est effluve sans aucun égard ni compromis pour les nez sensibles. Je suis pékan, tueur silencieux, être de peu de mots, que plus personne ne connaît.

En attendant, je suis le seul à m'attaquer au porc-épic. Je le prends au ventre mou, sans coup férir. Sa célèbre défense, ces poils-hameçons qui se hérissent en armure, ne lui sert à rien devant mes intrépides attaques. Rapide et percutant, je me flèche en dessous de ses épaules et je surgis soudainement à portée de sa peau vulnérable. Il est mort. Et je suis devant le plus grand des festins, le meilleur sang de la forêt, la meilleure viande de la nature, indicible joie du chasseur qui fait la curée sur le site de son attrape.

Je suis le pékan, un mot tout simple, un mot très beau. Sauriez-vous raconter mon histoire à vos enfants? Entretenir ma légende, la reprendre là où nous l'avions laissée? Aux antipodes de la culture, de la cité, aux antipodes des dessins animés? Reviendrez-vous un jour croiser mes sentiers? Que nous reprenions à demi-mot ce dialogue que nous avions amorcé? Si jamais vous revenez, laissez chez vous vos caméras. Les images de ma vie pourraient vous être insupportables. J'ai du sang sur la conscience et j'en suis fier.

Je suis le geai gris

Un oiseau d'amour à –30 °C

Je suis le penseur *Wiskatchan*, une pensée pour tout et pour tous, soucieux du loup et de la louve, des meutes en général, soucieux des petits animaux, une bonne pensée pour la marche des choses. Dites-le aux philosophes, la pensée est noire et grise, elle vole dans des espaces non fréquentés, elle se pose souvent sur un bouleau nain et se met à chanter. Un bestiaire des grandes figures animales des immensités nord-américaines serait impensable sans moi, je dirais même sans moi en vedette américaine. Je sais, il y a les gros ours, il y a les loups, les lynx et les orignaux. Cependant, dites seulement *Wiskatchan* et vous aurez déjà prononcé le principal du bréviaire des solitudes solitaires.

Je suis un oiseau sacré, une légende volante, familier de ce milieu aussi beau que difficile, la forêt boréale, là où chacun dépend de chacun, là où il faut que les idées voyagent si l'on veut se lier, se relier, avoir une chance de survivre. Je suis là, toujours là, comme au-dessus de mes affaires. Je ne suis qu'un oiseau parmi d'autres oiseaux, direz-vous, ni un aigle à tête blanche, ni un spectaculaire harfang, ni même une mignonne mésange. Je ne suis pas bleu, je ne suis pas huppé, sans couronne remarquable ni croupion blanc ou doré, je ne suis pas cet oiseau bucolique de la face facile du monde. Non, je suis noir et gris, gris-noir, la terne livrée de la sauvage quotidienneté.

J'ai guidé l'Algonquin et sa famille, les Dènès aussi, je les survolais et les précédais ; le chasseur suivait facilement ma direction et il savait que là où j'allais se trouvait un gros gibier en offrande. J'attendais qu'il le tue, qu'il le cuise et le mange ; puis je ramassais les morceaux que je m'empressais d'aller cacher dans les arbres, sous l'écorce, dans des nœuds. Là, les martres malchanceuses, les visons malheureux, les loutres aussi, quand elles étaient mal prises, s'en allaient quérir les petits repas que j'avais pour eux préparés. Ce n'est pas moi qui mange, c'est moi qui sers.

Voilà une première confidence. Les petits animaux comptent sur moi pour manger quand ils n'ont rien à se mettre sous la dent. Je suis un peu responsable de la réussite des chasseurs, car je tiens à ce qu'ils tuent. Parce que je vole, je vois tout, je vois bien où sont les proies. Alors, il suffit de me regarder aller pour résoudre l'énigme obsédante qui occupe l'esprit de tous les prédateurs, où se cache le gibier ? Et il faut que les gros tuent pour que je puisse ramasser les bribes et restants qui nourriront les petites créatures.

Lundi matin, 3 février sur les bords du lac Gelé. À l'horizon, des nuages sombres annoncent encore un peu de neige. Elle tombera toute la journée, fine et sèche, le temps sera gris, froid comme depuis des mois, les épinettes noires garderont le silence, têtes penchées et dos courbés, les pins gris tiendront leur position dans le paysage ; il fera à peine jour tout le jour durant, avant que la noirceur revienne, bien avant la soirée. Rien ne change, rien n'arrive, même la neige semble grise, l'éternité s'est installée entre deux collines derrière lesquelles une fausse lumière décline. Et moi, sur la branche morte d'un bouleau mort, un arbre que personne n'a jamais vu ni connu, qui a vécu coincé contre un mélèze lui-même bousculé par un pin, petit bouleau tenace et tordu qui a finalement dû mourir, faute d'espace et de temps – la lumière est si rare –, chacune de ses branches criant l'effort, l'espoir, lui qui à présent est mort comme s'il n'avait jamais vécu, et moi sur l'une de ses branches, comme je le disais, moi je songe et je célèbre, faisant l'éloge funèbre des arbres qui disparaissent sans laisser de trace – réponse à la question du poète qui se demandait si on célébrait la mort d'un arbre, poète à qui il faut dire oui. Le respect de mémoire est bel et bien assuré, par un oiseau grave appelé geai gris.

Je suis le Canada, ce Canada qui fut mais qui n'est plus. M'oublier, c'est oublier les Premières Nations des antiques vastitudes, c'est oublier la Compagnie de la Baie d'Hudson, les voyageurs de brigades de fourrure, c'est oublier la terre, le territoire, l'épinette emblématique, le nord du Nord, les mélanges écossais, cris, métis, canadiens-français, les castors, les lacs, les mouches noires de l'été, la rivière du Cuivre et le fleuve MacKenzie. M'oublier, c'est oublier.

Wiskatchan, petit augure du Moyen-Nord, l'oiseau gris des chasseurs, un oiseau d'amour à –30 °C, une petite pensée pour chacun afin que personne ne soit oublié. Je suis la pensée libre d'un monde disparu.

Ma cathédrale est devenue ressources renouvelables et développement durable. Je ne suis plus qu'un pauvre oiseau, imagine! Moi qui suis plus qu'une pie de bénitier, plus qu'un cardinal, moi saint Geai Gris de toutes les Assise.

Je suis le raton laveur
Patrouilleur de nuit

JE SUIS PLUS VOLEUR QUE LAVEUR. Mon masque, mes empreintes, mes frasques nocturnes, mon plaisir d'être en bande, mon goût de me battre contre la mouffette, ma finesse, mes petits yeux noirs, ma dextérité, tout mon être en fait foi. Avec des mains habiles comme les miennes, on chipote plus que l'on nettoie. Je suis à la tête du monde interlope des animaux sauvages, receleur, querelleur. Je cherche noise à tout ce qui n'est pas moi, un petit chef de bande qui impose sa loi.

J'aime le calme de la nuit et la richesse des poubelles, ces traîneries et trésors abandonnés par des humains qui jettent leurs choux gras. Pour nous, les ratons voleurs, l'humanité est une occasion en or. Ses gazons et ses terrains, ses villages et ses banlieues sont des régions aussi sauvages que les vastes forêts où nous avons toujours vécu. Des terres à conquérir, dirions-nous. Le monde change, nul n'arrête le progrès et nous sommes là pour prospérer, avouons-le, comme les humains, comme tous les profiteurs.

Maman promène ses petits la nuit. Ils sont beaux nos bébés, voleurs en miniature qui suivent en grappe leur mère dans le noir et les foins mouillés. Ils jouent et découvrent, ils sont en camp d'entraînement – ils apprennent comment devenir des hors-la-loi. Que voulez-vous, nous sommes ratons voleurs, même dans les grands bois. Nous patrouillons les bords des ruisseaux où nous lavons machinalement chaque bouchée avant de l'avaler. D'où notre nom, j'imagine. Nous sommes partout, dans les mangeoires d'oiseaux, dans les hangars de chalet, au plus profond des bois, dans les fossés le long des chemins, dans les coulées entre les collines, dans les arbres, sous les roches, nous cherchons toujours à faire des bons coups, à répéter sans cesse nos petites malfaisances.

Avis aux humains : je m'apprivoise. Certains d'entre nous voient d'un bon œil le simple fait d'être adopté. Qui se ressemble s'assemble. Ils sont aussi voleurs que nous, ces animaux prétendus supérieurs. Un humain et un raton laveur, c'est une association de malfaiteurs.

Autre chose, car je ne dis pas tout. Nul n'insulte ou ne menace un raton laveur. Dans la nature, c'est nous les patrons. Un peu plus, nous porterions cravate et veston. Nul ne s'en prend au raton, ni coyote, ni renard, ni ours. Car un raton en furie, c'est pire qu'un tigre en colère, pire qu'un crotale en attaque, plus dangereux qu'un puma en chasse. Coincés, nous devenons des diables. Attention, raton méchant !

L'hiver, je dors. Ne répandez pas la chose, mais voici : j'ai la couenne délicate. Je n'aime pas la neige épaisse, le froid cruel, les difficultés. Je me retire et je m'étire, dans le creux d'une souche. Autrement dit, je ne me donne pas de misère. Je ne fréquente pas l'âpre forêt boréale qui est trop dure à mon goût. Je me limite aux forêts laurentiennes et appalachiennes, là où il y a plus d'action. Oui, c'est cela, je suis un raton d'action.

Il faut que ça bouge, le raton n'en rate pas une, là où il y a du trouble, nous nous distinguons.

J'apprécie la forêt riche, invitante, facile, pleine d'occasions et de situations. La société des ratons est une société qui joue sur tous les tableaux. Je le disais, nous profitons de tout, nous écumons la terre à la recherche de son or, constamment en quête d'un trésor qu'aucun raton n'a jamais trouvé mais que tous ont cherché, depuis des millénaires, explorant chaque trou, renversant chaque pierre, vous auriez pu nous appeler *les petits pirates de l'Amérique du Nord*.

Je suis dans le bois comme un chat dans la ruelle. D'ailleurs, ne dit-on pas aussi *chat sauvage* en parlant de moi? En parlant surtout de ma fourrure qui est belle, pas mal belle, mais pas chère. Les coureurs des bois portaient chapeau de raton, avec mon visage sur l'avant, ma queue retombant entre les épaules. Comme quoi nous avons du style. Je suis assez beau pour devenir un couvre-chef, que voulez-vous de plus? Et le chapeau raton est bien plus impressionnant que le chapeau melon. Je suis l'emblème des hommes des montagnes, des trappeurs, des voyageurs. Je représente un peu la liberté délinquante, le ravaudage et la rapine, la petite patrouille de nuit, les coups fumants dont on se reparle après, entre nous.

Il y eut dans l'histoire de très grands ratons voleurs. Certains ont mis la main sur ce qu'ils cherchaient, des jardins immenses à saccager, des sacs de rebuts d'une richesse incroyable, ils ont vidé des caches, trouvé des talles, devenant gros à faire envie, grosses légendes masquées, sourire en coin, fiers de leur coup. Ils se sont battus contre coyotes et porcs-épics, portant les cicatrices de l'honneur.

Vous me trouvez séduisant avec mon masque? Imaginez quand je rencontre ma femelle. J'en perds tous mes moyens : étourdissantes nuits d'amour avec la belle d'entre les belles, une partenaire masquée qui prend la chose très au sérieux. Devant elle, tu remercies le Grand Raton du Ciel de t'avoir fait raton! Nul autre que nous ne connaît les grands pouvoirs de la ratonne, batailleuse, courageuse, professeure des petits, gardienne de l'orthodoxie, sexy, sexy.

Tout ne se résume-t-il pas à renverser des pierres et des poubelles, à mettre la nature sens dessus dessous, à foncer dans la vie sans égard pour personne, pour le profit de sa seule espèce, volant à tous ce que l'on veut pour soi, heureux comme un roi dans le conteneur à déchets de la cour arrière d'un McDo comme sur les bords ombragés du plus zen des ruisseaux?

Je suis la mouffette

Police des mœurs

ON M'APPELLE *BÊTE PUANTE*. Il faut croire que je le mérite un peu, à mon corps défendant. Que voulez-vous, on ne se refait pas. Je suis aussi le *Skunk* des Anglais, cela sonne bien, *skunk*, comme une marque d'aérosol, comme le surnom familier d'un policier de quartier. Mais le nom qui m'émeut, vous le comprendrez, plus que *Mouffette*, plus que n'importe quel mot dans n'importe quelle langue, c'est celui de *Shakaku*, prononcez *Chakagou*, en insistant sur le *ka*, mon nom en algonquien et en innu. Dans la baie des Puants, aujourd'hui les rives du Wisconsin et de l'Illinois, vivaient les *Ouinipegous* – les gens des eaux malodorantes –, les Winnebagos comme on les appelle maintenant, une nation Lakota. À cause de la mauvaise odeur de l'eau, un endroit dans la région fut baptisé *Shakaku*, c'est-à-dire *puant comme la mouffette*. Cet endroit allait devenir la célèbre ville de *Shakago*, eh oui, *Chicago !*

En connaissez-vous beaucoup, des animaux sauvages dont le nom est celui d'une grande ville du monde ? Éléphantia, Ville-Perdrix, Loutrebourg, Porc-Épic City, Cariboupolis, tout cela n'existe pas, alors que Chicago, c'est moi. Évidemment, personne ne le sait, personne ne le remarque, donc nul ne s'en étonne. Dans le port de Chicago, nous devrions ériger, à mon avis, une grande statue de Mouffette. Le modèle aurait la queue relevée, bien sûr, mais il serait bien dit que cette statue est le symbole de la bonne entente. Ne seront arrosés que ceux qui le méritent ! Avis aux violents et aux excités !

Bienvenue à Chicago, ville des affaires ! Bienvenue au pays des odeurs de viande, de blé, de fromage, les odeurs de prospérité de l'Amérique profonde. À l'époque légendaire d'Al Capone, mes ancêtres, les vieilles mouffettes, avaient proposé de lui lancer un seul jet bien placé – pissch ! – plutôt que de jouer de la mitraillette. Évidemment, elles ne furent pas écoutées. Depuis quand les autorités consultent-elles les patrouilleurs de la base ?

De fait, mon odeur n'est pas une rumeur. La Nature m'a pourvue d'une arme originale et efficace. Or, plutôt que de susciter l'admiration, mon système de défense ruine ma réputation. S'il est vrai que je propulse un liquide extraordinaire quant à l'odeur, voire dangereux pour les yeux, accordez-moi ceci : je suis économe en cette affaire et, de plus, j'avertis. Ma technique est un chef-d'œuvre d'autodéfense, elle devrait être enseignée dans les écoles, la vraie police s'en inspire. Je dissuade, je temporise, je vaporise ; pas d'effusion de sang. Ce n'est pas ma faute si les chiens sont fous, s'ils ne perçoivent rien des signes que j'envoie. Les loups sont plus sages, ils s'éloignent de moi, les ours font détour, personne ne m'embête. On flaire de loin mes mises en garde. Bref, je suis connue et reconnue pour ce que je suis : une bonne âme qui ne fait de mal à personne tant et aussi longtemps qu'on ne lui marche pas sur les pieds.

Le raton laveur me marche sur les pieds. Voilà, c'est dit, je peux être chicanière. Comprenez-moi, il m'exaspère, le raton, et je rêve la nuit de le surprendre, de l'arroser d'un bon jet précis, puant, paralysant. J'imagine qu'il est sain pour le moral de se quereller de temps en temps. Il faut choisir sa tête de Turc. Dans le monde des mouffettes, c'est sur les ratons que le choix est tombé. Les ratons le savent, nous le savons aussi, la chicane entre nous est faite pour durer. Eux, les Ratons, comme nous, les Mouffettes, n'avons nullement l'intention de mettre fin à ce contentieux qui remonte au pléistocène. Le malentendu est si vieux que plus personne ne saurait en retrouver la source. De toute façon, j'en suis certaine, c'est un ancien raton qui a commencé. Disons que le raton est le voleur et que moi je suis la policière.

Je suis une bête incomprise. Utile aux humains qui n'en savent rien. Je mange rats et souris, toutes les pestes et toutes les engeances qui empoisonnent la vie dans les campagnes et en bordure des forêts. Sans moi, vos chalets et cabanes seraient infestés de petits rongeurs. Cependant, une fois encore, qui le sait ? Je passe mes nuits à nettoyer les alentours. Bien sûr, je dois m'approcher des maisons. Comment pourrais-je garder vos maisons en ordre sans m'en approcher ? Quel mal pourrais-je bien faire, si personne ne m'agresse ? Pourquoi tirer sur son domestique ?

Je suis la *Mouffette* et je suis assez belle quand on me regarde de près. Joli minois, petits yeux noirs, mignonne en somme. Ma fourrure est un beau costume griffé, robe blanche et noire avec de beaux traits tirés, un « y » bien marqué, comment et pourquoi me plaindrais-je ? C'est comme si j'avais un uniforme imaginé jadis par la Nature, un beau matin où la Nature était bien inspirée, un uniforme de gardien de l'ordre. Petit caporal, petit officier, premier grade mais grade quand même. J'aime beaucoup comment je suis habillée.

Et puis je m'apprivoise, animal de bonne compagnie, pourvu qu'on procède à l'ablation de mes glandes défensives. Je fais alors original, au bout d'une laisse, provoquant des petites cohues, chacun se précipitant pour voir une mouffette de près. Caresser un chien tombe sous le sens. Flatter un chat, c'est assez ordinaire. Mais embrasser une mouffette, quelle affaire !

Belle Bête puante, Belle Chicago, Belle Mouffette, je fais partie de la triste société des animaux sauvages constamment écrasés par les automobiles depuis cent ans sur les routes d'Amérique. Le raton laveur, le porc-épic, la marmotte et moi, quand allons-nous comprendre combien la route est dangereuse ? Il est vrai que, la nuit, l'asphalte est si paisible, aussi tranquille et silencieux que les sous-bois. Comment résister à une surface aussi lisse ?

La brigade des mouffettes est finalement secrète. Nous sommes de l'escouade des gardiens anonymes, police des mœurs, petits soldats de première ligne à qui personne ne fera jamais honneur. Mais puisqu'il m'est donné ici de prendre la parole, n'oubliez pas le principal : nous ne réagissons qu'en cas de force majeure. De jour, de nuit, nous faisons respecter l'ordre. Point besoin d'être gros pour intimider. Des petits baveux jusqu'aux malpolis baraqués, nous refroidissons les ardeurs. La peur de la police, cela existe jusque chez les ours. De toute façon, vous en saurez davantage en lisant le traité que dans le plus grand secret je suis à écrire : *De l'utilité de puer.*

Je suis le porc-épic

Le paresseux des grandes forêts du Nord

JE SUIS *KAKWA*, jadis nom de famille chez les Algonquiens, nom de nation aussi, aux environs de l'ancien Saguenay. Du Labrador jusqu'aux Rocheuses, de la baie d'Hudson jusqu'au Wyoming, les femmes amérindiennes se servaient de mes poils les plus beaux, les plus longs, les plus durs, mes gros piquants en somme, pour enjoliver les costumes qu'elles fabriquaient. Je fus remplacé par les fausses perles, malheureusement. Mais qu'à cela ne tienne, souvenez-vous que j'étais un bijou d'animal.

Les nuits sont longues en mon pays, elles sont fraîches et tranquilles, quasiment sans histoire. Je suis *Kakwa*, le porc-épic, le marcheur solitaire, celui qui va face contre terre, lentement, en provenance du merisier, en direction du gros mélèze. Ni porc, ni épique, je me perds dans ma propre fourrure ; je suis quelque part, caché au centre d'une boule de poils, l'âme ébouriffée, pelote d'aiguilles qui s'anime et cœur qui bat la mesure, chaleur emprisonnée dans un cercle fermé, recueillement, pensée.

Me voici sur le tronc principal d'un grand arbre, en haut, tout en haut, où j'apparais tel un ourson, un tas de branches ou un nid sombre de grand oiseau. Nul ne m'accorde une grande attention. Je suis là, immobile, me balançant au gré des vents. Je grignote des écorces. Qui mange lentement s'en portera toujours mieux. Je suis l'égouine, le bruit de l'égouine dans la nuit. J'aime le vieux bois séché par les années, le bois gris des portes de grange, le bois qui traîne, les piles de planches oubliées.

Je suis l'emblème de la lenteur, allant d'un tronc à un autre, m'occupant le museau, savourant les essences, ne demandant rien à personne, porc-épic autonome qui vaque à des projets qui ne sont pas grand-chose finalement, monter dans celui-ci, cet arbre jaune, ou monter dans celui-là, cet arbre noir. Heureux porc-épic à qui la sagesse est simplement donnée. Rien ne sert de courir, il suffit de clopiner; j'aspire au titre de *paresseux des grandes forêts du Nord*...

Qui s'y frotte s'y pique, me direz-vous. Mais que personne ne s'y frotte et tout ira pour le mieux dans le meilleur des mondes. Je ne tiens pas à piquer, je tiens à mes piquants. Je suis plus triste que vous ne le pensez quand je les perds, obligé.

Je suis viande délicieuse, la plus facile à capturer pour un homme mal pris en forêt. L'homme, cette malheureuse créature, dotée d'une intelligence qui ne sert qu'à le dérouter et à l'angoisser, cette créature sans griffe, sans plume, sans piquant et sans défense, l'humain est un être pathétique lorsque sorti de ses sentiers. Je suis sa survivance, son assurance, car il me tue avec un simple coup de branche sur le nez, moi qui suis lent et qui ne m'enfuis pas. Même le plus incompétent peut m'attraper, m'assommer, me faire cuire. En plus d'être une expérience gastronomique, ma viande augmente l'espérance de vie, ce qui n'est pas rien pour quiconque est justement en train de la perdre.

N'en parlez pas, je vous confie ma faiblesse, ma seule : je suis fou du sel. Je puis ronger la cognée d'une hache imprégnée de la sueur du bûcheron, et, en hiver, sucer l'asphalte qu'a déglacé le Ministère du salage des routes, au risque de ma vie, je ronge même les pneus des voitures, allez savoir pourquoi.

Mon grand-père s'est fait écraser par une voiture en traversant une route de gravier sur la Côte-Nord, près de Mingan. L'auto tragique était conduite par un jeune anthropologue raccompagnant une vieille Indienne qui avait passé la journée à cueillir des chicoutés. La vieille, qui avait bien vu, se mit à parler rapidement, en innu, comme si le chauffeur était Innu : « Arrête la voiture, arrête, arrête, il faut ramasser *kakwa*, il faut le prendre absolument ! » L'anthropologue comprit les gestes de la vieille – elle s'appelait Jeanne –, et immobilisa son auto en bordure du chemin. Jeanne descendit aussitôt et se dirigea vers le cadavre encore chaud de mon aïeul. Elle s'en saisit d'un tour de main, avec l'habitude de ceux qui savent poser ce genre de geste, et l'enfouit dans son sac qui contenait déjà son poids de chicoutés. Revenue dans la voiture, elle n'arrêtait pas de parler, tout excitée : « J'en ai rêvé des porcs-épics, j'en ai rêvé ! » Elle parlait de famine, du temps de sa jeunesse, elle parlait de ces moments creux où la famille n'avait rien à manger, où les chasseurs ne trouvaient ni caribou, ni rien, où les femmes ne trouvaient ni lièvres ni perdrix. Chacun cherchait les porcs-épics. Une fois rendue au village, Jeanne rejoignit ses amies, les autres vieilles, et ensemble elles s'animèrent comme si une grande chose venait d'arriver, comme si elle avait ramené dix caribous au campement.

Cette histoire s'est passée il y a près de quarante ans. Jeanne, qui avait plus de quatre-vingts ans à l'époque, est morte depuis. Mais nous, les porcs-épics, nous la racontons encore. Elle est devenue une légende parmi les nombreuses légendes que notre mémoire cultive. Et l'anthropologue qui continue de rouler sur toutes les routes du Nord, chaque fois qu'il voit une carcasse de porc-épic sur le bord d'un chemin, il pense à elle, Jeanne, il pense à moi, *Kakwa*.

Je suis le lynx

Le parfait

Je suis un séducteur solitaire et furtif. Je m'appelle *Fantôme* ou *Petite Queue*, à votre convenance. Je suis aussi *Poil de Pubis*, pour ceux qui me connaissent bien, je parle des Indiens. Dans l'espace je rôde, silencieux, résolu. Mes pattes sont des pantoufles confortables, mon corps est souple et léger, j'ai l'œil et la manière. Appelez-moi *Œil de Lynx*. Je vois le lièvre, la perdrix, la souris, je les vois sur la neige, je les vois dans la nuit. Vivre m'amuse car rien ne m'empêche et je suis là où je veux être, dans la forêt des quatre belles saisons, au cœur des sapins et des trembles, des vieux thuyas et des cerisiers d'automne. J'ai tout : le manteau de fourrure, les pantoufles, l'œil perçant, chaque lynx se répète sans cesse : *je suis bien dans ma peau.*

Je pourrais m'appeler *Belle Fourrure*, mais appelez-moi *Lynx*. Je donne très cher de ma peau. Ma tête est mise à si bon prix que les trappeurs ne cessent de me poursuivre. La meilleure façon de déjouer son poursuivant, c'est de rester derrière lui, de marcher dans ses pistes. C'est bien ce que je fais toujours quand les chasseurs ou les promeneurs s'aventurent dans mes parages : je les suis et ils ne me voient jamais, car il est bien connu, parmi les lynx, que l'humain regarde rarement dans son dos.

J'aime m'asseoir sur une roche au bord de l'eau. J'aime l'eau vive, quand elle est brune et froide, quand elle coule de force vers les lacs, l'eau cascadante, sauteuse et voyageuse, cette eau si sombre qu'elle devient noire en se faufilant entre les roches rondes, si blanche quand elle plonge par-dessus, si parlante quand elle chute, faisant de beaux remous, reprenant son souffle dans les chaudières avant de repartir dans sa descente, l'eau jaune et or des petites rivières inconnues, ces coulées de montagne où personne ne va, cette eau de tête, fraîche et pure, cette eau spectacle qui m'engourdit et me transporte au paradis des lynx.

Parfois la Nature fait bien les choses. Quand elle eut créé le lynx – je vous le rapporte en toute modestie – elle s'est félicitée. Voilà un animal parfait, un qui n'aura pas de misère, bien dans le froid, bien dans l'été, à l'aise sur ses sentiers, perdu dans ses pensées, méditatif, bien nourri, sculpté pour marcher dans la vase et la terre noire, sur les feuilles mortes, sur la neige, pour se glisser dans les inextricables sous-bois, grimper dans les arbres, bondir sur les crans de roche, sans ennemi autre que le bipède avide et besogneux, nerveux et malhabile, frileux et soucieux, cet animal nommé *homme dangereux* mais, heureusement, facile à éviter. Car voilà bien ma qualité, je suis mouvant, coulant, glissant.

J'en profite pour dire que je ne suis pas un gros chat. Je me situe à des années-lumière de ces philosophes encabanés, de ces poètes douillets dans leurs foyers ramollissants. Je suis trop beau pour m'abandonner à d'aussi humiliantes chaleurs. Il est des questions qu'un lynx ne se pose jamais. Nous tenons les chats en basse estime pour leur compromission. Dans les bois, nous sommes plus confortables que ces pachas de pacotille, ces faux représentants d'une indépendance qu'ils ont depuis longtemps perdue.

Je porte encore le nom de *Loup-cervier*, un bien beau nom en vérité. Pourtant, je ne suis pas un loup (comment peut-on être loup ?) et je m'approche rarement des cerfs. Je mange plutôt à ma hauteur et c'est le lièvre qui m'excite. Quand les lièvres se multiplient, songez au bonheur des lynx, songez au bien-être de nos petits, chacun vif et repu, sur la voie de grandir, de devenir terreur de lièvre. Voyez-les bondir, félins à l'affût, allant de succès en succès, sachant jouir de la paix du repaire – une vieille bûche creuse qui sent le cèdre pourri, un dessous de corniche entre roches rondes ou éclatées –, capables de se réchauffer sous la neige poudreuse, au pied d'une épinette à grande jupe, grimpant aux arbres comme si la vie était un jeu ; et voyez comme ils partent à cent kilomètres à la ronde, dans des forêts de plus en plus tranquilles, jusqu'à déboucher parfois, au fil de longues errances, au-delà de la limite des arbres, dans la toundra, champions mangeurs de gélinottes, de perdrix blanches, de lemmings s'il y en a, autrement dit, marchant du fleuve jusqu'aux confins de la taïga, comme si les lynx avaient la propriété des terres boréales.

Je suis *Peshu*, prononcez *Pé-Ho*, la pelote coussinée des Algonquiens du Nord. Il faut que nos enfants jouent. Laissez-les jouer, qu'ils apprennent les nombreux tours de leur corps, les rebondissements de leur esprit, toutes les facettes de la vie, la finesse de leur œil, l'élasticité, les miaulements qui chuintent dans la nuit; qu'ils apprennent à se fondre et à se mouler, à sauter et à se relever, eux qui voient si bien et qui seront invisibles.

D'ailleurs, regarde-moi dans les yeux pendant longtemps, sans rire ni grimacer, sans te distraire, sans bouger, sans remâcher ton éternelle angoisse. Regarde-moi dans les yeux et tu verras au fond de mon regard cette chose sérieuse que tu poursuis en vain, tu verras à quoi ressemble la liberté.

Je suis le lièvre

Coton ouaté de la Boréalie

Être lièvre, c'est avoir peur. Je ne vis que sur un seul registre : sur mes gardes. Car le lièvre est le rêve de tous les prédateurs. Il est malheureux que je sois si bon à manger. Il est terrible d'être si visé. Le coyote, le lynx, le renard, le pékan, le hibou et j'en passe, ils sont tous après moi. Jusqu'à l'homme avec ses vilains collets. Pas moyen de jouir de mes jolis sentiers dans la mousse, pas moyen de déjeuner tranquille, la mort est partout. Être lièvre, c'est avoir la mort aux trousses, c'est, de sa naissance à sa fin, vivre avec la frousse au popotin. Observez mes tressaillements, ma nervosité, mes frissons et sursauts, même quand je dors, je veille.

Et pourtant. Le *Wapush* que je suis mériterait bien un répit. Il est un pays, dit-on parmi les lièvres, où vivent des lièvres géants, des *Mistapush*, qui terrorisent les prédateurs. Ils sont notre espérance, notre vengeance, une image qui nous ravive. Des lièvres géants qui mangent en paix, qui se rient du carcajou et du loup, des lièvres qui dorment tranquilles, au cou si puissant qu'ils brisent les collets sans s'étrangler, des lièvres qui font fuir les chasseurs seulement à les regarder. Le Grand Lièvre existe en Lièvrerie où il régit nos allers, nos retours, nos bonds et nos amours.

Le lièvre a son importance dans l'histoire du monde. Nos pattes et nos pas ont fabriqué la terre sur laquelle nous marchons. Au début, vous le savez, il n'y avait que de l'eau sur terre, et la mère de tout, la Grande Dame Blanche, ne pouvait poser les pieds nulle part en descendant du ciel – voilà une idée que les anciens Grecs ont volée aux anciens Iroquois. Les animaux ont alors plongé au fond des eaux pour ramener de la terre. Une fois l'île minuscule constituée par mon compère, le rat musqué, il me fut imparti d'agrandir le domaine. J'ai eu simplement à courir, courir, pour que l'îlot s'agrandisse, jusqu'à former des pays et des continents.

Chassez, chassez, chassez le lièvre, il en restera toujours quelque chose, d'autres lièvres encore, notre courage consistant à nous reproduire. Même si nous l'avons dur, nous faisons des petits, nous nous reproduisons comme des lapins. Bien triste stratégie qui se résume à être si généreux pour donner la vie au service d'un monde qui donne tant la mort. Le cri du lièvre pris au piège illustre combien ces affaires sont cruelles. Devant le Grand Obstacle, il nous faut rebondir. Le lièvre n'a pas le droit d'en rester là.

Le chapelet de la vie compte sur des grappes de lièvres, des dizaines et des dizaines, mille rosaires qui se récitent jour et nuit. De moi dépend le bonheur des autres, du renard et du lynx. Si je me fais rare et difficile, alors leurs jeunes ne pourront pas survivre. On dirait qu'ils le savent, car quand ils sentent que nous déclinons, ils font moins de petits. Voyez mon importance dans le cycle de la vie en forêt. J'ai tant de poids sur les épaules, tant de responsabilités.

Nous sommes si mignons, emblèmes du duveteux, du molleton, symboles de confort et de sécurité. Il est vrai que, pendant longtemps, je fus lange, couche de bébé, serviette intime des femmes. J'enveloppais les pieds menus des enfants en hiver, mitaines, capuchons, capuches, bonnets. Le lièvre connaît l'humain, je vous ai vus de près. Je vous sens, je vous sais. Quand vous voyez un lièvre bondir à travers un sentier, sachez qu'une partie de vous-même passe devant vos yeux : mémoire ancienne d'une vie ancienne, du temps où *Wapush* appartenait de plein droit au monde des nomades qui bénissaient le *Tche-Mantu* de nous avoir mis sur terre.

Qui dit lièvre dit libido. Avez-vous entendu que lorsqu'on coupe le pénis du lièvre, il repousse ? Car rien ne peut lui enlever son désir de vaincre le revers du sort. Ma femelle est irrésistible, l'attraction est au-delà du fatal, elle est primale et fondamentale. Les sous-bois sont pleins de nos amours, nos petits sentiers sont bien marqués (trop à mon goût, ces pistes indiquent aux humains où mettre leurs collets), réseaux de rendez-vous nocturnes et brûlants. Il est intéressant d'être lièvre, finalement. Et en ce qui a trait à notre pénis, je ne vous révélerai rien ici, ce petit détail restera confiné dans le Grand Livre secret des Lièvres.

Peau-de-lièvre fut nation. Les Dènès du Nord-Ouest canadien ont bien porté mon nom. Honneur à ma réputation, le petit coton ouaté de la Boréalie, l'esprit rond de la vie, brun en été, blanc en hiver, gibier des femmes, de la Laurentie jusqu'au lac des Esclaves, de la Gaspésie jusqu'à Igloolik où je deviens le lièvre arctique, blanc comme le renard blanc, blanc comme le harfang.

Dans la constellation du Lièvre, les étoiles ont des grandes oreilles, pour entendre la musique du Cosmos, ses chocs, ses chants, ses bruissements. Je suis rythme, cycle, condition de la vie, condamné à vie, condamné à mort, je suis la lune, l'oreiller de l'hiver, à l'écoute des moindres tremblements du monde, des plaques tectoniques, dont je ressens la dérive sous les grosses et longues pantoufles de mes pattes arrière, jusqu'aux feuilles de tremble que le moindre vent chatouille.

Pas surprenant que ma patte soit chanceuse, je suis *Wapush*, l'amulette et le charme, une antenne sur le monde, des oreilles de lapin qui plongent dans le noir à la recherche des images qui circulent et voyagent ; je suis le lièvre de la rivière du Lièvre près de Mont-Orignal, le lièvre de l'île aux Lièvres. Ne dites jamais : tiens, un lapin ! Cela me déprime et me chagrine un brin. Car je suis peut-être la sagesse et la vérité, éros et thanatos, de l'étoile jusqu'au sous-bois, d'hivers en étés, de bonds en rebonds, je suis la chance et la malchance, n'y a-t-il pas ici matière à réfléchir ? À enseigner à vos propres petits ?

Du fond des bois, je vous donne un bec, un bec de lièvre, ce qui n'est pas rien.

Je suis la perdrix

La petite chasse

QUAND LA BASSE-COUR EST UN SOUS-BOIS, la poule devient royale. Je suis cette poule sauvage ayant droit aux titres de la plus haute noblesse. Moi, la Perdrix, je décline mes honneurs : perdrix grise, perdrix blanche, ptarmigan, gélinotte huppée, tétras des savanes, lagopède des saules, lagopède des rochers. Je viens dans toutes les livrées, plus belle qu'on ne le pense, je règne sur des terres immenses, les forêts de la Couronne.

Je sais qu'être poule n'est pas une grande affaire. Alors, laissez-moi me vanter. Mon mâle sait, lui, m'apprécier. Il donne un sens à l'expression *faire la cour à une dame*. Aux temps des amours, il se pavane plus qu'un paon, qu'un lion, qu'un mouflon, plus qu'un élan ou qu'un hidalgo. Il fait des culbutes, des saltos arrière, des cabrioles inventées, des danses improvisées. Il roucoule, il crie, il s'égosille, il s'esbroufe, il frétille. Son spectacle serait comique s'il n'était pas si excitant. Car, évidemment, je me pâme devant ces coqs entreprenants.

Je suis la petite chasse, la fricassée de tous les jours, la dernière prise des vieilles et le premier trophée des enfants. Avec le lièvre et le poisson, j'ai assuré la subsistance de toutes ces bonnes gens qui vivaient dans le bois. Humblement dit, je suis le bouillon de la dernière chance. Je sais bien que le grand chasseur parle de caribous, d'ours et de gibiers remarquables. Plus l'animal est gros, plus le tueur est un héros. Personne ne part en safari pour tuer la perdrix. Mais les petits jours s'égrènent au fil de la petite chasse et du petit gibier.

Il est ainsi deux héroïsmes : celui éclatant de l'exploit, celui anonyme de la continuité. Le premier est imprévisible, irresponsable, dangereux, car nul ne saurait s'y fier. Les grands héros ont de grands échecs. Le second est fiable, assuré, efficace. C'est le menu de la routine. Lequel choisiriez-vous pour nourrir votre famille ?

Si mon mâle est réputé pour ses folles cabrioles, moi la femelle, je suis toujours à mon affaire. Je suis le contraire d'une poule sans tête, je ne la perds jamais, la tête. Je connais mes sous-bois comme le fond de mon plumage. Je sais que les jours succèdent aux jours, je sais où est mon devoir : il me faut être à mon poste, pour la suite du monde. D'ailleurs, n'est-ce pas pareil chez les humaines ? Donnez une caméra à une femme, elle fera un documentaire animalier sur les gallinacées (c'est moi). L'idée ne serait jamais venue à un chasseur de crocodiles ou à un cinéaste de lions et de gnous. Oui, la femme, comme la perdrix, sait d'instinct ce qui compte.

Des fois je m'envole, aux tambours de mes ailes, toup-toup-toup-toup-toup, surprenant le marcheur silencieux. Parfois, je reste au sol, immobile, camouflée. Nul ne sait pourquoi je suis un jour si farouche, et le lendemain si calme. Il m'arrive même de déambuler sans que rien ne m'effraie, ou de rester perchée sur ma branche à hauteur de visage d'homme – lui qui me prenait jadis au collet –, soutenant sa présence et son regard. Plus je suis sauvage, moins je suis sur mes gardes.

Je suis au sud, je suis au nord, dans le Grand Nord, dans les rochers, dans les Grandes Prairies. Ô Ptarmigan, superbe perdrix blanche de la forêt boréale et de la mystérieuse taïga, toi dont la beauté est sans égale, tu te regroupes par milliers, nourriture abondante des missionnaires, des expéditionnaires, garde-manger des postes isolés, ô Ptarmigan des légendes amérindiennes, semblable aux grandes hardes de caribous, oiseau mythique, oiseau historique. Pour une poule, quel exploit ! Toutes les perdrix t'admirent, toi la perdrix du froid.

J'aime les épinettes. Je suis une poule de terre (cela n'existe pas une poule de mer), pierreuse et granitique, très forestière, oiseau des feuilles mortes et des branchailles. Comme l'épinette, je vénère ma tranquillité, *sainte Perdrix du Grand Calme*, je ne picosse que des poussières de pureté, je mange des grains de beauté. Je suis à la volaille ce que le loup est au chien. Je suis comme une ânesse sans harnais, un mulet sans fardeau, une dinde en liberté.

L'hiver, je m'enfouis sous la neige ; bien tapie dans la poudreuse, je m'endors et je rêve. Il me vient des images fantastiques, des souvenirs de perdrix : éclairages d'automne qui célèbrent la clarté et la fraîcheur, orages d'été, vents effrayants, nuits si noires qu'on a l'impression de ne plus exister, soleils rouges, nuages mauves, lunes si pleines qu'on pourrait s'en saisir. Soudain, je me réveille. Je sors brusquement de mon trou, je m'envole dans une petite explosion de neige, une mine de poudreuse qui éclate, spectacle étonnant pour celui qui passe au moment précis où je décolle.

Voilà, j'égaie, je mets de l'âme dans les sous-bois, multipliant les petits signes de vie, une poule d'espérance dont le mérite est d'assurer le quotidien. J'accepte mon destin, nulle perdrix ne conteste le fait que finir dans un estomac est ce pour quoi nous sommes sur terre. Elles sont nombreuses, les vieilles perdrix qu'aucun prédateur n'a jamais aperçues. Elles se promènent, solitaires, se demandant quoi faire, passant beaucoup de temps au sol, essayant de se faire voir, par une buse, par un renard, par un coyote qui mettrait fin à leurs vieux jours. Elles savent bien que le temps est venu de partir. Elles contrôlent leur vie jusqu'à leur dernier souffle. Les perdrix ne se cachent pas pour mourir.

Je suis le carcajou

Le diable de la forêt boréale

FAISONS UNE PAUSE, car l'affaire est sérieuse. Elle est grave et profonde, absolue, mystérieuse. *Kwi'kwa'ju*, voilà mon nom, dites « esprit maléfique » si vous n'entendez pas bien le micmac. Je suis Carcajou, l'esprit sauvage de la forêt primale, le chef du syndicat des animaux libres de la taïga, l'esprit du froid et du silence, *gulo gulo* qui parle la langue des épinettes noires, des mélèzes nains et des petits bouleaux, le chasseur sans pitié qui entend le pas du lièvre à des milles à la ronde, et le flocon de neige tomber sur une aiguille de sapin ; Carcajou dont la fourrure ne givre jamais, le Glouton qui avale tout, mort ou vif, tueur de caribous, chasseur de trappeurs, *Kwekwatshew* des mythes innus, des mythes lakota-sioux, l'ermite errant, bas sur pattes, fort et puissant, l'âme de la terre, du Labrador jusqu'au Yukon, l'âme des Rocheuses, celui qui a en mémoire la trace lointaine de la fondation du monde.

Personne ne me connaît, moi, l'inattrapable, l'inaccessible. Personne ne me connaîtra jamais. À moins de rechausser les mocassins anciens, de retrouver le cœur des longues immensités, à moins de retomber dans le temps, celui d'en arrière, qui est brouillard de poésie, brumes et silhouettes, lichens, ruisseau perdu et épinettes, rayon de lune, soleil voilé, première et dernière neiges, vent froid du nord, grand lac gelé de la Maison des Indiens, là où les très vieilles Indiennes récitaient mes exploits, se moquaient tendrement de moi, enrichissaient ma légende.

Je suis le roi de tous les animaux, *l'être sauvage* en son essence. Il se trouve, voyez-vous, que je ne blaire pas les hommes, leur présence, leur odeur, leurs manières et leur mentalité. Je n'aime pas les humains pour les mêmes raisons que les humains ne s'aiment pas eux-mêmes, eux qui s'enfargent dans leurs propres trappes, qui sont les premiers à tomber dans leurs propres filets. Jamais leurs trucs ne me déjouent, jamais leurs pièges ne me prennent. Je suis une légende, côté ruse. Car je me débarrasse des chasseurs et des trappeurs qui s'installent dans mon univers en leur rendant la vie insupportable. Je détruis leurs campements, leurs réserves de nourriture, je défais leurs pièges, je leur livre une guerre que je gagne toujours.

Si je me meurs, c'est plus d'ennui que de déprédation. Oui, le monde moderne m'ennuie et me déprime. Les chemins de bois, la coupe des arbres, les motoneiges, les VTT, même le son d'un airbus au long cours laissant sa trace de faux nuage dans le ciel bleu d'une journée glaciale me fait grogner et me dérange. Imaginez le reste. Les débusqueuses, les camions, les touristes, les chasseurs, les mesureurs de bois, et jusqu'à l'explorateur français en traîneau à chiens qui s'échine sur les pistes à la recherche de quoi, pensez-vous, des espaces sauvages, sans savoir que sa seule présence le confirme, ces espaces n'existent plus.

Moi, je suis un pur, je ne saurais faire de compromis. Pourquoi tirerais-je mon épingle d'un jeu qui ne m'intéresse plus? Je n'ai cure de vos discours sur la protection de l'environnement. Je suis légende, acteur de grands mythes, l'emblème et la figure d'un monde aujourd'hui disparu. Rares sont ceux qui m'ont aperçu, tous cependant m'ont imaginé: le diable de la forêt boréale, le fantôme de la forêt immémoriale. Autant dire un esprit, celui qui rôde, qui flotte et qui habite.

Sous serment, je jure que rien de ce qui a été dit sur moi n'est ou n'a été exagéré. Ma réalité dépasse toutes vos fictions. Je suis le diable, bien sûr. Mais je suis aussi un bon diable, un drôle, un enjoué, un farceur. Je fous le désordre, je défais ce qui est fait, je démanche. Carcajou, le libre délinquant, introduit le rire dans l'austérité du pays.

Votre mémoire, votre joie de chasseur du temps de la Nature, votre endurance au froid, votre humilité, alors que j'étais sacré, absolument sacré, votre compagnon fidèle de l'autre bout du monde, un monde que nous partagions, comiques, tragiques, tout devrait vous relier à ce que je représente, tout devrait vous mettre sur la piste d'une autre façon de voir le territoire. Je vous ai tant aimés, quand vous étiez un peu de moi-même. Mais à présent, entre GPS et MP3, entre les ressources et le développement durable, que feriez-vous d'un diable, d'un rire féroce, que feriez-vous de mes farces et de mes frasques? Je ne sais plus où vous êtes, vous ne savez plus où je suis. Nous n'avons, c'est le cas de le dire, plus rien en commun.

Carcajou, fourrure magique, terreur de la nature, l'empatté qui ne recule devant rien, ni devant l'ours, ni devant le loup, rien hormis l'insignifiance notoire de l'homme. Si Carcajou s'en va, ce n'est pas parce qu'il a peur. C'est parce que le cœur du lointain n'y est plus.

Je suis l'orignal

L'ombre du pléistocène

J'ai un gros nez, un très gros et très long nez. C'était la mode au Quaternaire et personne ne se serait avisé de s'en moquer. Ma beauté est d'un autre âge, ma majesté échappe aux finesses du présent. L'humain moderne n'en a que pour les chevreuils et les élans de tendresse. Moi, je suis un élan en effet, mais un élan de robustesse. Quand le loup me croise, quand l'ours m'entrevoit, ils se disent qu'ils ne voudraient jamais se frotter à moi, tant j'inspire la puissance et le respect.

Je suis un orignal. Dire cela, simplement, nous ouvre la porte des forêts les plus profondes, là où le murmure du temps s'appelle *grand espace* et s'épelle *silence.* D'ailleurs, on fait silence autour de moi. Les gens ne me connaissent pas beaucoup, préférant les histoires d'ours et les contes de loups, voire de chevreuils et de caribous. Pourtant, je suis intéressant. Je me nomme *Mush*, prononcez *mouche*, un mot amérindien de l'époque où j'étais si important aux yeux des chasseurs algonquiens qui me vénéraient comme un dieu. Les Anglais disent *moose*, ce qui est *mush* prononcé à l'anglaise.

Je suis plus grand qu'un cheval, ce qui surprend toujours ceux qui m'aperçoivent pour la première fois, plus fort aussi, et probablement plus résistant à la course. D'autant que je n'ai pas mon pareil dans les forêts encombrées, les sentiers troueux, les pentes et les coulées.

Je suis seul et je résiste à tous les temps. Il n'est pas un froid pour m'impressionner. Jamais je ne frissonne, jamais je ne me plains. Je suis un roi dans les sapins, les épinettes, aux pays anciens des grandes forêts dures et pointues qui ont depuis toujours bordé les grands glaciers, calottes fondues et disparues mais que j'ai bien connues, je suis un roi dans cette forêt boréale couvrant tous les nord de la terre en lui faisant comme une immense ceinture fléchée.

J'ai peut-être un gros nez, ah! mais j'ai un panache, ce qui n'est pas sans faire son effet! Au fond, je suis très beau. Mes femelles n'ont cesse de le chanter. Il faut dire qu'elles sont belles aussi, elles qui nous font dévaler les montagnes en automne, à travers souches et aulnes, branches et roches moussues, pour aller les coller et les monter. Même si elles n'ont pas de panache, nos épouses et nos mères, j'ai toujours dit qu'elles en avaient pas mal d'ainsi prendre soin des petits et des petites, contre loups et malheurs. Et ils sont si beaux, nos veaux; Madame a parfois des jumeaux, vous le saviez?

J'adore me baigner dans les eaux fraîches des lacs perdus. J'en profite pour brouter des herbes mouillées, me refroidir le museau, je sens l'odeur riche de la terre noire, des feuilles, des joncs et des branches mortes. Et puis l'eau me protège des mouches noires, la grande peste de l'été. Non, la chaleur n'est pas mon fort, la taïga n'est pas un cadeau sous le soleil brûlant. Heureusement, cela ne dure pas. Vivement l'automne, où la forêt est si belle, l'eau si pure et où le vent charrie tant de secrets qu'il en reste des brumes dans l'air du matin, alors que chaque journée s'ouvre sur une mystérieuse cérémonie. Je suis un élan, un grand élan de vie.

Quelque part, dans une forêt boréale si lointaine que personne ne l'a jamais visitée, rôde un orignal noir et géant, son panache est immense et impressionnant, un orignal qu'on croirait éternel, une bête âgée de trois mille ans, le maître des esprits du Nord, l'ombre du pléistocène, un orignal qui vole dans les airs comme un Pégase algonquien, sa femelle est blanche comme neige, magique et magicienne, elle est blanche comme les plus vieilles lunes, comme la surface d'un lac gelé. Ces créatures de la mémoire mythique sont devenues légende. Le Grand Orignal et sa Femelle Géante sont les puissants aïeux de tous les orignaux d'aujourd'hui.

Nous sommes des animaux vieux dont les yeux sombres voient mieux dans la profondeur du temps qu'au ras du sol. Et nous sommes si lourds de souvenirs que nous avons toujours la tête ailleurs. Voilà pourquoi, je vous le confesse, nous confondons souvent un camion Mack avec un autre mâle orignal, une locomotive trans-taïga avec n'importe quelle grosse bête. Nous chargeons, nous chargeons, à nous casser les pattes, à nous casser le nez.

L'orignal marche et marche et marche. Il tasse branches et buissons, se mouille des gouttelettes de rosée qui reposent sur les feuilles des aulnes, l'eau bénite d'entre les eaux bénites, il passe d'un lac à l'autre, il va de passe en passe, s'enneige et se glace en hiver. Manger de la viande d'orignal, c'est manger du courage, c'est avaler du temps. Mais c'est aussi porter sur ses épaules toute la vieillesse du monde.

Je suis la démesure. Alors regardez-moi traverser vos routes, songez à moi, je suis mémoire et grimoire, la grande bête du temps gris, l'esprit des espaces interminables, je vaux plus qu'une tête sur le capot d'une auto, qu'une silhouette sur un panneau, je suis cuir, force et puissance, je suis fougue et résistance, noir compagnon des épinettes dans le brouillard des plus longs cours.

Je suis le coyote

Le banni, le perdant, le coupable

Je suis un loup sans légende, abandonné par des maîtres sans cœur, il y a de cela vingt-deux mille ans, entre sapins et ruisseaux de glacier. Un chien pas de médaille, tête penchée, queue basse, poil hérissé, un cabot sauvage à la démarche coupable, regard oblique, allure de perdant, l'ostracisé de service, celui qui marche de travers, de côté. Je suis sans superbe, seul comme un coyote en errance, je suis la vérité brute de ma propre représentation, et quand je veux définir le malheur, je m'envisage, tout simplement. Est-il une autre référence, d'ailleurs, pour signifier l'abandon, la solitude et la difficulté que celle du coyote et, pire encore, du coyote mouillé qui se presse pour traverser un champ en novembre ?

Entre renard et loup, dans cette lumière de brume qui fait que je reste imprécis, je suis Coyote le coyote, un mot magique, une image floue qui ne se clarifiera jamais. L'esprit du coyote est un esprit limite, j'ai l'âme aux marges, je suis l'animal de la frontière, frôleur de clôtures, condamné aux fossés. Donnez-moi quelques hommes, un bivouac, un campement, et je tournerai autour, comme le rôdeur rejeté de la bande, le hors-la-loi à contrecœur.

Les oiseaux chantent, les ours dorment et je sais que les lynx, les loutres se la coulent douce. Le loup a sa meute, le renard sa ruse, le chien sa niche, mais moi? Ne pourrais-je avoir mon rayon de soleil, ma compensation? Qu'ai-je fait pour mériter pareil sort, comme si un nuage noir me poursuivait, devinant mes intentions et précédant mes pérégrinations? Dites-vous que si le temps s'obscurcit au-dessus de votre maison, c'est qu'il y a un coyote dans les environs.

D'accord, d'accord, j'ai souvenir de quelques mauvais coups. La mémoire humaine en a conservé les traces dans ses mythes. En Amérique, là où le carcajou est absent, dans le sud notamment, je joue son rôle de Jongleur : le truqueur, le farceur, le railleur. Chez les Amérindiens de l'Arizona, du Mexique et du Nouveau-Mexique, je suis bassement considéré comme le défaiseur, le délinquant originel.

Dans des temps très anciens, à la genèse même du monde, j'étais là, jeune coyote flambant neuf, enjoué, prêt à mordre dans le gras et le mou de l'univers magnifique qui s'offrait à nous, les êtres sauvages. Le Grand Créateur avait créé une terre parfaite, ronde comme un fruit, chaude comme feu en hiver, mais il n'y avait pas d'hiver, pas de pluie verglaçante, personne ne mangeait personne puisque nous n'avions jamais faim, chacun vivait dans l'harmonie, les loups jouaient avec les lièvres, l'humain avec les ours, les fleurs ne se fanaient pas, les arbres ne tombaient jamais, les rivières coulaient dans les deux sens, les canots remontaient comme ils descendaient, le vent s'appelait caresse, tout n'était que beauté, tranquillité, jouissance longue et lumière douce.

Fanfaron, irresponsable, j'ai transgressé toutes les lois. J'ai mis le désordre dans l'ordre, j'ai souillé l'eau, brisé des choses, culbuté les interdits. Je fus le clown, le bouffon, le joueur de tours, je détalais dans un grand rire lorsque j'avais défait l'arrangement parfait. Partout où je passais, je laissais les sites en ruine. Pour pénitence, le Grand Créateur nous fit un autre monde. Les rivières ne coulèrent plus que dans un sens, il fallut ramer, la faim apparut, il fallut chasser; puis arrivèrent les vents mauvais, trop de chaleur ou trop de froid, les moustiques, la mort, les accidents, les difficultés, la misère.

Vous voyez bien que les Judéo-chrétiens n'ont rien inventé en matière de péché. Sauf que dans le monde sauvage, c'est sur moi, et sur moi seul, que retombe toute la culpabilité. Ô Coyote, ô malheureux Coyote! Pourquoi as-tu touché au cœur parfait du monde? Pourquoi as-tu été si malfaisant? Te voilà maintenant au bas de l'échelle des malchances, obligé de marcher jour et nuit, banni de toutes les sociétés, tribus et communautés, de toutes les meutes et réunions – coyote, en une langue amérindienne morte et inconnue, voulait dire *Celui qui demande pardon mais qui ne l'obtient jamais.* Te voilà seul, Coyote, occupé pour toujours à chasser la marmotte, à chasser, chasser, sans aucune aide. Rien de plus triste que de manger en solitaire, sans pouvoir raconter à personne les événements de la journée.

Je suis un chien raté, un canin débraillé, une canine cariée, mais débrouillard tout de même. J'assume mon opprobre, accablé, exilé, mais tenace et vivant. Contre vents et marées, le coyote prolifère ; contre chasses aveugles et acharnements humains, contre toutes les accusations et médisances, contre les mensonges et les calomnies, j'agrandis mon domaine, année après année. Les mauvaises langues assurent que j'extermine le chevreuil en le tuant pour rien, juste pour faire du trouble, comme aux origines du monde. Je n'ai rien à répondre et je n'ai rien à dire. Car qui écouterait sérieusement une plaidoirie coyote, prononcée en langue coyote par un avocat coyote vêtu d'une toge effilochée ?

Mes concerts de nuit sont plus plaintes que hurlements, mauvais jappements de chiens esquimaux déprimés, fausses notes, pas assez de graves, trop d'aiguës, chialage finalement. Mais je suis malgré tout l'emblème de la liberté, la liberté rugueuse de ceux qui n'ont plus rien. Le chant des coyotes est celui d'un chœur qui fausse constamment. Mais nous chantons.

Rassemblement des marginaux, des coupables, des perdants, je cherche cette vallée promise où tous les coyotes de la terre américaine se consoleront ensemble de leurs coups et blessures. Coyotes du désert, coyotes des prairies, coyotes des pessières, coyotes gelés du Nord, coyotes empoussiérés du Sud, tous unis face à un monde qui nous a pour toujours condamnés.

Je suis la marmotte

Une végétarienne au paradis

LA TERRE POUR MOI EST UN TERRIER. Je suis la *marmotte commune*, aussi dite le *siffleux*. C'est un surnom affectueux, car je suis un familier de la compagnie des humains. Je profite de leurs champs et éclaircies, de leurs routes aussi ; leurs bruyantes activités ne m'ennuient pas. Depuis qu'il y a ces campagnes, ces lots et ces clôtures, ces cultures et ces fermes, nous proliférons. Qui n'a pas vu une marmotte dans les hautes herbes courir vers un de ses trous, sprinteuse maladroite au souffle court ? Mais rapide, quand même, lorsque l'entrée n'est pas loin. Et elle n'est jamais loin, puisque jamais je ne m'aventure à plus de 100 mètres. Avant de disparaître sous terre, je siffle, d'où mon nom.

La terre veut dire confort, repos, retraite. Je la creuse, je la travaille, je la sens. Je suis un gros écureuil, un qui se réfugie dans le sous-sol plutôt que dans les arbres, un qui n'a pas de queue pour tenir l'équilibre, oui, un gros écureuil qui n'en a pas du tout l'air. Je suis la marmotte commune, c'est-à-dire ordinaire. Nous formons une grande famille un peu partout sur le territoire. J'ai de la parenté dans l'Ouest, les chiens de prairie, nous faisons des trous, nous creusons des galeries, nous érigeons des monticules et nous menons la grosse vie si Dieu le veut, s'Il nous la prête, la vie. C'est que nous sommes du genre proie. Ils sont nombreux nos ennemis, ils viennent du haut des airs, ils se tapissent dans les fourrés, ils chassent à l'affût; le renard roux est notre bête noire.

Nous sommes des rongeurs, comme le rat musqué, comme le castor. Nous vivions dans la forêt jadis et vous trouverez encore des marmottes dans toutes les forêts du Nord. Marmottes des bois, marmottes des champs, marmottes des autoroutes, marmottes des banlieues. Mais où que nous soyons, nous vivons au sec et nous vivons le jour. Il nous faut de la verdure, j'adore les verges d'or, les plantes sauvages et l'herbe tendre. Autant dire que nous sommes à quatre pattes dans les plats. Pas besoin de courir et de s'énerver. Tout est là, juste au-dessus de ma chambre, je n'ai qu'à mettre le nez dehors et la table est mise. La marmotte est une végétarienne au paradis.

Là où je le peux, je fais mon terrier d'été dans un champ. L'hiver, je déménage; je fais mon terrier dans le bois, j'aime dormir sous les racines des arbres, à quatre pieds sous terre. Creuseurs de labyrinthes, couloirs et tunnels à sorties multiples, nous sommes des propriétaires et nous avons des locataires. Nos clients réguliers sont les rats, les mulots, les insectes, les mouffettes, les ratons, les lièvres et même les renards. Lorsque nous prenons nos quartiers d'hiver, ils occupent notre maison d'été. Cela nous arrange, vous savez. Ils entretiennent le foyer en donnant une âme à ce qui serait autrement un taudis déserté. Il n'est rien de plus triste qu'un trou abandonné. Pourquoi nous priver du plaisir d'apporter un peu de confort aux animaux sans-abri qui n'ont pas notre sens de la propriété foncière ?

La vie de la marmotte est belle. L'été, je me gave et m'empiffre, je profite du soleil, je me chauffe la couenne. Je suis un scruteur de ciel, je surveille sans cesse les nuages, mais surtout les oiseaux de proie que Dieu a inventés juste pour nous contrarier. Quand je m'inquiète, je fais comme les suricates africains près de leur terrier, j'épie l'horizon en me dressant sur mes pattes arrière, et si une menace se précise, je disparais dans mon repaire.

Il est connu que je dors en hiver. En fait, je m'encabane et vis sur mes réserves. Comme un ours en miniature. Voilà un rythme que je recommande à tout le monde. Moment magique où je rentre pour des mois, où je m'endors dans ma noirceur, au sec et en totale sécurité, dans mes odeurs de racines et de terre, sans rien d'autre à faire que de rêver, d'imaginer des surfaces immenses, un monde parfait de marmottes, de trous à la grandeur de la Terre, de corridors souterrains parfaitement dégagés, qui permettraient de voyager, allant de terriers en terriers, d'un bout à l'autre de l'Univers, rencontrant des marmottes à qui je ferais des marmots, un monde sans renards, sans fermiers enragés avec leur carabine 22, sans buses et sans éperviers.

Ne me demandez pas à quoi ressemble le mois de janvier, à quoi ressemble une tempête de neige. Je ne le sais pas, je n'en ai jamais vu. Février, par contre, je connais ; le 2 février est ma journée. Je suis coquine, vous savez. Je fais un tour de piste à cette date précise, je sors de mon sommeil et de mon trou, les humains s'excitent, photographient, interprètent et supputent, je suis la vedette du jour, ils veulent tout savoir du printemps, et moi je niaise bon an mal an, me riant de ces mœurs bizarres, mais profitant quand même de l'occasion. Qui ne veut pas son quinze minutes de gloire? Quand je montre le bout de mon museau, au printemps, c'est vraiment que le beau temps est arrivé.

Je suis cible, je suis proie, je me fais beaucoup tuer sur les routes, quand un coteau m'attire de l'autre côté. Pour citer un philosophe bien connu chez les humains, tout mon malheur vient de ce que je ne sais pas rester dans ma chambre. Je traverse les voies et j'ai beau surveiller, les voitures sont plus rapides que les faucons et les coyotes. Ce mystère est finalement une tragédie. Mais pour citer un vieux proverbe en usage chez les humains, *à tout malheur quelque chose est bon:* nos dépouilles nourrissent les corneilles et les corbeaux.

Une petite note: je suis courageuse et féroce. Une fois prise, j'attaque. Mes dents de rongeur deviennent des armes. Je ne me rends pas sans résistance. Combien de chiens de ferme l'ont appris à leurs dépens, y laissant un morceau de babine et portant cicatrice jusqu'à la fin de leurs jours. Je sais aussi que mes trous sont des pièges pour les chevaux qui s'y brisent les pattes, je sais qu'ils font sauter et cahoter les tracteurs de ferme. Mais il faut bien que je vive. Car, pour moi, vous l'ai-je dit, la terre est un terrier. Il est bon de s'enraciner, de littéralement s'enterrer, de garder les pieds sur terre, de vivre sous les cieux immenses, d'engraisser, de se reposer. Et de dormir en hiver.

Je suis la marmotte commune, rien d'extraordinaire. Emblème de la routine, du rythme des saisons, un écureuil de terre qui voit la vie à travers des rideaux de fleurs sauvages, entre jardins et souterrains, éternelle retraitée, je réponds à toutes les conditions de la sagesse : prendre son trou et cultiver sa casanière liberté.

Je suis le renard

Saint esprit de la joie sauvage

BEAUCOUP PENSENT que je ne suis qu'une queue. Les nuits d'hiver, sur les grandes routes qui traversent les forêts immenses, vous pourriez bien m'apercevoir dans le rayon de vos phares, trottant en bordure des chemins le long de la ligne blanche, ou courant en zigzag sur la glace qui recouvre traîtreusement l'asphalte, sous un froid plutonien, par un vent de travers qui fait voler la neige folle à hauteur de renard; vous pourriez bien voir ma grosse queue qui va à la recherche de Dieu sait quoi, me voir, moi le renard, en train de dépenser une énergie dont je ne connais ni la source ni la raison, seul au monde comme personne ne l'est.

Mes pattes, si menues et si frêles, faites de petits os et de si peu de poil, sont pourtant très capables. Elles sont surprenantes d'agilité, de force et de résistance. Je marche vite, je cours ferme. Mon allure est un bond, une course brisée, à gauche, à droite, comme si je fuyais un fantôme ou en poursuivais un, ce qui revient au même. Je suis roux, je traîne, vous l'ai-je dit, une grosse queue, aussi longue que moi. Si bien que, somme toute, j'apparais telle une fourrure en cavale, une qui se promène à l'aventure, en quête de tout, souris, écureuils roux, perdreaux, poules égarées.

Dans le Grand Nord, ma fourrure fut le manteau des femmes inuites avant de devenir précieuse pour une autre clientèle, les femmes des grandes villes, Parisiennes du monde entier. Les épaules féminines, je connais. Les ruses du trappeur aussi. Car le renard apprend jeune que l'humain est l'animal le plus rusé qui soit. Ils sont renards, les humains.

Chez les Inuits, d'ailleurs, je symbolise la femme, l'hiver, la nuit, le froid, un *Yin* esquimau en quelque sorte. Mon vis-à-vis est le corbeau, oiseau masculin, du jour et de la lumière, le vrai contraire du *yin*, qui est le *yang*, comme chacun sait qui s'intéresse à la philosophie. Je me demande pourquoi je suis ainsi en vedette dans les fables et légendes. Le renard tient une grande place dans la pensée humaine. Ce doit être que nous sommes difficiles à saisir.

Je patrouille près des fermes, je m'approche des terrains de banlieue. Je me risque parfois dans les boisés urbains et les grands cimetières où je me régale de l'écureuil gris des villes. Je n'ai peur de rien et je me fais entièrement confiance. Roux, gris, argenté, blanc, croisé ; des Laurentides jusqu'à la toundra, partout je m'engouffre dans l'espace de la vie, volontaire, résolu. Dans les foins des champs, dans les forêts touffues, dans les tourbières et les mousses de la taïga, sur les côtes maritimes et jusqu'aux glaces de l'Arctique, je suis à mon affaire qui est recherche d'occasions.

Permettez-moi un aveu : je hais les Anglais, surtout les aristocrates aux bottes cirées et au calotton ridicule, les créateurs de la chasse à courre, je hais les chiens de ces messieurs, ces lâches et ces confortables qui se mettent en bande pour me faire la peau. Rien n'est drôle à qui n'a aucune chance. Les précieux ont de ces façons de chasser qui vous dégoûtent d'y participer.

Moi, je déborde d'énergie, je suis un élan créateur, les journées ne sont pas assez longues pour contenir l'agenda du renard. Je fais aussi le quart de nuit, tellement j'aime ce que je fais. Les odeurs me guident, les mulots sont partout, je les devine sous la neige, il y a ce lièvre qui me lance un défi, j'ai rendez-vous avec une vieille perdrix, j'ai dans la tête des images de poules rassemblées, de lapins domestiques égarés, j'ai des chances inouïes de surprendre, de courir et d'affoler. Les renards ont des idées, des idées claires sur le plaisir. Le moindre renard est un grand explorateur, un fureteur, un surdoué curieux. Je suis le trait d'union entre le canin et le félin, le meilleur des deux mondes, la souplesse du lynx, la résistance du loup.

La renarde tourne autour de ses renardeaux qui jouent sans mesure. Ils se sautent dessus, se mordillent, bondissent, roulent au sol. Ce jeu, mes petits, deviendra très sérieux. Vous êtes des renards, des durs de durs, des mines de rien, des queues folles, moins que des loups, moins que des coyotes, vous dira-t-on. Mais en vérité, vous êtes, mes petits, les saints esprits de la joie sauvage, l'espéranto du vouloir-vivre.

Je suis le corbeau

Le routier, roi des bordures et des fossés

Je suis le roi de la Taïga et des grandes solitudes résineuses, l'oiseau extrême des pays patients, des terres immobiles, là où mon cri est chant d'opéra, où le son venteux du battement de mes ailes n'est autre que le bruit de la pensée qui glisse dans l'air. Car, pour qui s'en souvient, je suis un animal intelligent. Je vole donc je pense, voilà ce que croassait un de nos grands corbeaux d'hier, à l'occasion d'un colloque corvidé tenu en grand secret aux alentours des Montagnes Blanches, il y a de cela mille et une lunes.

Hélas! on ne célèbre plus le corbeau comme on le faisait avant, jadis et autrefois. Les modernes, urbains et enfermés, me craignent autant qu'ils m'ignorent. Je suis pour eux la mauvaise mort, une mort qu'ils chassent de leurs idées. Oiseau noir, oiseau de malheur, mauvais augure, symbole de toutes les misères à venir, mes chances de séduire l'esprit humain au panthéon de son folklore sauvage sont devenues nulles au fil du temps. Devant le grand bipède d'aujourd'hui, jamais je ne m'excite, car c'est lui qui me fuit. Je suis dans sa tête une authentique idée noire.

Mais j'ai eu mes heures de gloire. Dans toutes les cultures du monde, je fis grosse impression. Je fus le sage, le père, le savant, l'intelligent, le dieu, la figure du savoir, je fus l'âme de tant et tant de choses que je ne me souviens plus moi-même de la longue liste de mes rôles. Je fis le beau devant les Huns, les Innus, les Chinois et les Haïdas, emblème principal des grands totems, sculpté sur la poupe des bateaux, trace de rêves, bribe de pouvoir et matière à toutes les métamorphoses imaginables.

Tout est dans le corbeau, à commencer par la longévité. Je vis le temps d'une vie d'homme, l'espace d'une vie d'éléphant. Et peut-être de quelques crocodiles, je pense aux gros du Nil. Sous ce rapport, seule la tortue ou le perroquet pourraient faire l'objet de mon envie. Mais la tortue est si lourde et si lente. Et qui veut être perroquet ? Moi, je vois les choses de haut, trait ordinaire parmi les grands oiseaux. Je survole ma propre mémoire, jouissance et plaisir de monsieur le Grand Corbeau qui semble réfléchir à tout ce qu'il fait.

Mes faits d'armes sont innombrables. La nation des Corbeaux porte fièrement mon nom, toutes les mythologies amérindiennes me réservent une place première, je suis l'altitude, la distance, le mâle, le jour, le chef. L'épouse du corbeau est la corbeille, les petits sont des corbillons, et les vieillards des corbillards. Ma cousine est corneille, mon cousin est corneau et ainsi va mon vol dans le champ de l'humour. Je blague, je ris, je me bidonne sous mon manteau noir.

Je suis aussi un littéraire. Je me replie dans mon nid de corbeau où je me réfugie pour lire. Le corbeau lit beaucoup, il lit tout ce qui lui tombe sous l'aile.

Docte corbeau à lunettes qui s'intéresse à la poésie, à la morale et à l'histoire. Et si j'avais une plume pour écrire, en sus de mes plumes pour voler, qui sait ce que je révélerais dans mon *Petit Traité du Grand Corbeau, où il sera démontré que le Noir est la couleur du Beau.*

Je mange de tout, du petit fruit à la grosse charogne; mon estomac n'a pas son pareil, il digérerait l'impensable. Puisque je me nourris si facilement, d'œufs frais comme d'œufs pourris, j'ai l'esprit libre. Le voilà mon secret, je ne crains rien, je suis sans angoisse, sans remords, sans peur, prenant le monde comme il est, tellement riche et divers que je n'aurai jamais fini de l'explorer. Le vol du corbeau en a pour un bail. Mon programme est si vaste, qui consiste seulement à vivre.

Vous me verrez, à sept heures le matin, par moins quarante, perché sur la tête gelée d'une épinette craquante, planifiant ma journée, alors que les perdrix se cachent sous la neige et que les lynx déclarent forfait. L'ours dort, les chasseurs abandonnent, le chien veut revenir chez lui, les mésanges ont la fale basse, chacun se pétrifie alors que moi, le corbeau, j'occupe encore le ciel, je tournoie dans ce bleu mortel, je fais mes affaires comme si de rien n'était. Je suis résolution, volonté, déclaration de vie.

J'aime l'océan, les plages et le brouillard, j'aime la terre, les lacs, les vallées, je suis chez moi partout, du pays des goélands anglais jusqu'au pays des bisons des bois, du vent de la mer jusqu'au vent des plaines. La pluie me plaît, le soleil aussi, vous n'entendrez jamais un corbeau commenter la météo, ergoter sur le temps, se plaindre des températures. Pour un corbeau, le jour est toujours beau pourvu que son cœur batte au rythme de ses ailes, que ses yeux se remplissent d'images magnifiques, le dos d'un orignal qui marche, la tête des sapins qui pointent, le sommet rondelet d'une colline perdue.

Non, je ne crains pas l'homme. Le cas échéant, je pourrais vivre en ville. Si je ne le fais, c'est que la ville n'est pas bien belle et qu'à ma vue comme à ma mémoire, la vie de pigeon biset est une déchéance. Le corbeau que je suis n'aspire pas à la carrière de moineau domestique. Car j'aurais bel et bien la capacité de me faire urbain. Les voitures ne m'effraient pas, les murs de briques non plus. Je pourrais facilement me percher sur le premier parcomètre venu. Et alors, je vous le dis, avant de mettre votre pièce dans l'appareil, vous verriez ce que c'est, le charisme.

Je suis routier, roi des bordures et des fossés. Mes collègues animaux n'arrêtent pas de se faire écraser. Cent ans d'automobile ne leur ont rien appris. Moi, je sais ce qu'est une voiture qui file entre deux lignes blanches. Allez, c'est moi le philosophe, le corbeau noir des épinettes noires, le plein de vie qui fait penser à la mort, le corbeau à barbiche qui sautille trois fois avant de s'envoler, le grand patrouilleur du vide, l'obsédant corbeau, le corbeau d'Edgar Allan Poe, mon poète favori.

Je suis la loutre

Tête heureuse

Être loutre est idéal. La neige, la glace, la mousse, l'eau froide, la canicule, les fougères, tout m'est plaisir. J'ai la tête ronde comme un galet poli, une bouille à faire sourire les plus blasés. Jamais n'a-t-on vu loutre malheureuse. Nous sommes trop agiles, intelligentes, discrètes pour nous laisser prendre dans une mauvaise affaire. Nous vivons au creux des places les moins fréquentées, là où l'eau coule en cachette, à l'ombre, dans les aulnes, entre les roches humides, au pied des vieux thuyas que même le temps a oubliés, nous sommes fuyantes et invisibles.

La vie est un jeu, voilà tout. Trop d'animaux se prennent au sérieux, vigilance d'écureuil, lamentations de coyote, frousse de lièvre, insomnie de chevreuil, obstination de castor, vanité de lynx, méchanceté d'homme. Moi, je flâne, je glisse et me faufile dans les descentes joyeuses, dans les coulées faciles, je plonge dans l'eau fraîche des criques et des ruisseaux et j'entends le bruit des petites chutes comme on écoute une musique foraine, cascade de sons, parade de chansons, opéra comique, moi la loutre aux longues moustaches, la loutre vive et insouciante, mangeuse du poisson que je ramasse au passage comme on cueille des fruits dans les arbres, tête heureuse, résolument légère.

Nous nous tenons à l'ombre, sous l'éclairage chatoyant d'une lumière qui fait des taches de soleil sur le sol vert des sous-bois. Là, une loutre peut jouer, elle fait ses danses, ses tourniquets et ses tours, ses descentes sur le ventre dans la boue devenue lisse, ses plongeons remarquables, elle est comme l'ours qui sort de l'eau, fourrure collée au corps, anguille poilue qui s'en remonte jusqu'en haut du button pour mieux redescendre en vitesse. Y a-t-il chose plus belle, je le demande, que d'avoir la forme de son lieu, le corps de sa vie, le sens parfait de son existence? La loutre est faite pour être loutre, souple dans l'eau, furtive sur terre, belle en été, belle en hiver, belle tout simplement.

J'ai l'âme mouillée de la loutre, je suis la *Ntsukw* des Innus; j'ai moi aussi plongé au fond des lacs les plus profonds pour ramener une poignée de boue afin de commencer une île, une toute petite île qui allait devenir la terre des Hommes. Ma joie est la réparation du monde. Je porte à la caresse, j'ai la douceur dans le poil, la douceur des mélèzes au printemps.

Lac à la Loutre, montagne aux Loutres, chemin des Loutres, disons simplement que j'ai fait ma marque, petite louve d'eau claire, phoque de terre, nageuse, maître plongeuse, artiste clown, vedette du grand cirque sauvage, je fais tourner des galets sur mon nez, au grand plaisir des aulnes; je suis à l'endroit, à l'envers, sans raison, puisque le ruisseau rigole et que le temps n'est pas sérieux. Le bruit de l'eau qui coule, clapote, dévale et fuit, c'est comme le vent dans la tête des arbres. Douce brise, onde folle, voilà la vie qui s'étire, la vie qui se délie, tout en tendresse, tout en souplesse, riante et culbutante.

Je suis la truite grise
La déesse

J'AI SOIXANTE ANS et j'ignore l'hiver, les vagues et le grand vent. Je ne sais pas ce qu'est la pluie, l'automne m'échappe ainsi que le printemps. Je nage dans le noir en direction d'un autre noir, la fin de ma course est pareille au début, il n'est pas de saisons et encore moins de lieux dans ce monde de fosses et dans ce monde de creux. *Touladi* dérive dans le noir à des années-lumière de la lumière. Quand vous regardez un lac, un vrai lac, pas une mare ou un étang, quand vous voyez un lac puissant, l'Albanel, le Témiscamingue, le Témiscouata (*témis* veut dire « profond »), dites-vous que je suis là, mémoire grasse au fond du fond, truite fondamentale, la reine des poissons, la grosse grise dans son palais sans distractions.

Dans le fond noir des lacs les plus profonds, je mène une vie grise et rangée. L'eau est très froide et la lumière, si faible que le jour ne passe pas. Quand le jour ne passe pas, c'est toujours le même jour, si bien que *Touladi* atteint de très grands âges sans même le savoir et sans que personne le sache. Il n'est point de repères, d'où absence de calcul. Tout est eau, tout est noir. Non, la truite grise dans son cloître ne voit pas passer les jours, elle ne sait rien du temps qui passe, elle ne sait rien du temps qu'il fait.

Et pourtant, j'ai des yeux. Et pourtant, j'ai un cœur. Le temps s'écoulant malgré mon inconscience, je grossis démesurément. Personne ne me menace dans mes quartiers, car il faudrait un monstre de lac, celui de Pohénégamook, de Memphrémagog, celui du fleuve, pour me menacer. Mais ce monstre, qui pourrait mettre un peu de piquant dans ma vie, je ne l'ai jamais rencontré. Là où je nage, il n'y a apparence de rien.

Laissez-moi vous confier mon rêve. Oui, nous, les truites grises, nous avons un rêve, je dirais même une religion. Les soirs de pleine lune, il arrive que nous apercevions dans notre ciel liquide un corridor de lumière, comme la trace d'une route d'or traversant le lac de bord en bord. Cela, qui est si rare, suffit à entretenir la foi d'une vieille solitaire.

La lune est grise comme moi, aussi vieille que moi, et comme moi elle dérive dans le noir, le froid et l'espace. Le soleil est son hameçon. Toutefois, les chaînes de la gravité la retiennent à la terre et si ce n'était de cela, il y a longtemps que la lune aurait mordu au leurre. Donnez de la corde à la lune, elle ira se brûler au soleil. Voilà la grande idée de la truite grise, le rêve de l'impératrice des poissons : pouvoir d'un coup s'anéantir en attrapant un morceau de lumière, mordre finalement au grand hameçon d'or, saisir l'absolu appât afin qu'elle réalise sa destinée sacrée, devenir une truite-soleil, une truite multicolore comme les forêts d'automne qu'elle n'a jamais vues.

Que la truite grise devienne telle les rayons de la lune à la surface du lac, que mon esprit s'éparpille en poussière de brillance, que je réfléchisse une fois pour toutes, que je sorte de mes idées noires pour disparaître d'un seul coup dans le feu de la vie. Que la truite fantôme se défasse de ses chaînes, que mon âme s'envole en un éclair, que l'on me leurre, que l'on me pêche. *Touladi* se cherche un hameçon-dieu. Pêchez, mesdames et messieurs, pêchez, vous êtes mon seul espoir. Je suis délicieuse et joyeuse, ma chair augmente la santé et l'intelligence, je suis l'alpha et l'oméga, j'irrigue le cerveau humain de ce qui lui manque le plus, la force de la mémoire.

Touladi est religieux, les Indiens le savaient qui étaient des convertis avant d'être convertis. Ils savaient me traiter, m'apprêter, ils savaient me prendre et me manger, m'envoyaient des prières et du tabac – la truite aime fumer –, me nommaient, m'invoquaient, j'avais ma place dans la rangée des dieux, jamais ils n'auraient permis que l'on maltraite mon squelette, mes arêtes, ma peau. Plusieurs accrochaient ma tête aux branches des arbres pour que je voie le lac, ce lac que j'ai tant habité mais dont je n'ai aucune idée.

La truite grise, comme le geai gris, comme le loup gris, comme la perdrix grise, vit en l'honneur de l'épinette noire. Confrontée à l'éternelle éternité, l'épinette attend le vent qui viendra la coucher, le feu qui viendra la brûler. L'épinette attend sa fin comme la truite attend son leurre. Voilà ce que la Truite Ancienne enseignait dans le creux de sa fosse au temps où l'Univers entier était un lac. Cette déesse ne parlait pas, elle avait fait vœu de silence. Le poisson sait dans quelles eaux il nage : son silence en dit plus long que le bruit du langage.

Les truites grises sont comme les sœurs grises : secrètes dans leur sombre chapelle, muettes dans leur cloître, allumant des cierges, n'aspirant qu'à l'hameçon suprême qui les sortira de leur recueillement.

Je suis la mouche
L'informatrice

JE SUIS *UTSHEK-MESSNAK*, la Mouche aux Gros Poissons, la mouche à Caribou, la mordeuse, l'arracheuse de peau, terreur des étés dans la forêt boréale, aussi dite *frappe à bord, mouche à orignal, mouche à chevreuil*, et j'ai l'honneur de me retrouver au grand bestiaire universel, avec mon chapitre à moi, mes histoires, mes légendes, ma place. C'est une place méritée. Pour une mouche, devenir quelqu'un n'est pas une mince affaire. Rien n'est plus beau que de faire réfléchir, de donner à penser, de créer des liens entre toutes choses. Voilà mon travail, ma profession de mouche : éveiller la conscience.

Toutes les mouches ne se ressemblent pas, il en est tant de sortes et d'espèces. Mais voilà bien le drame des temps modernes. La finesse d'hier n'est plus à la mode quand il s'agit de penser aux animaux sauvages. Pour l'heure, une mouche est une mouche, qu'aurions-nous à en dire ? Les gens d'aujourd'hui ne vont plus en forêt et confondent volontiers le brûlot et la mouche noire, la mouche à chevreuil et la mouche domestique, le maringouin et les bibittes. Nous sommes devenues de vulgaires insectes piqueurs, de simples contrariétés pour les pêcheurs sportifs.

Laissez-moi vous raconter mon histoire. Je suis née *Messnak,* une grosse mouche à gros destin, investie de grands pouvoirs. Mon pays est la forêt boréale, la taïga, je commande aux bêtes, mieux encore, je suis en lien avec les Maîtres des animaux. Quand le caribou veut parler au saumon, il passe par moi. Je vais de l'un à l'autre sans problème, puisque je suis une mouche dans l'espace, capable de franchir les frontières entre les mondes. Et si *Paspakatshi,* dieu Caribou, connaît si bien les hommes, leurs besoins, leurs faiblesses, leurs forces, c'est encore grâce à moi. Je lui parle, je le guide, je le conseille. Je parle au Maître des castors et à celui des ours. Imaginez mon influence dans la cour des grands : la conseillère volante, l'infatigable minuscule, mais grosse quand même, la plus grosse de la tribu des mouches.

Il est vrai que je pique, que je bourdonne, que je m'acharne et que je harcèle. Mais au fond, je m'informe. Je tourne autour afin de mieux savoir. Mon service est un service commandé par les chefs animaux, je suis constamment en mission, en quête de sang, en quête de sens. Le caribou qu'on tue et dont on boit, justement, le sang fumant, s'est donné en partage après tout. Et le poisson qui se laisse prendre, qui vient si gras à vos filets, à vos lignes, à vos leurres, pourquoi pensez-vous qu'il le fait, sinon pour vous nourrir et vous réconforter ? C'est moi qui dis au poisson de mordre, ou même de s'éloigner si je juge que les pêcheurs sont des malappris.

Je suis la mouche *passage* et tout passe par moi. Maîtresse de l'espace, cela les Indiens l'ont bien vu, celle qui s'infiltre partout, qui peut approcher tout, aller de l'un à l'autre, détectable certes, achalante, mais inaccessible, difficile à saisir. Je fais du zèle avec mes ailes, je suis policière, délatrice, une grande informatrice. Je vis dans le dos des humains, un petit œil malin, moi la mouche inquisitrice, je transporte dans mes pattes minuscules de très gros dossiers. Si le chasseur, ayant tué la truite grise, ne la mange pas tout entière avec sa famille, s'il n'a pas suspendu la tête du poisson à un arbre près de l'eau, s'il a brisé les arêtes, il y a faute. Si le chasseur utilise un couteau pour manger le poisson, il y a faute. S'il ne traite pas le saumon ou le touladi avec la même déférence que le caribou et l'ours, il y a faute. Et moi, la mouche, je note.

Quand vous me verrez dans la forêt, ne dites pas : maudite mouche ! Je suis votre sœur de sang. Ne me demandez pas de m'éloigner, ne me chassez pas de vos pensées. Dites-vous que j'ai autant de pouvoir que l'ours qui s'amuse, autant que le caribou qui s'offre en sacrifice, que le mythique carcajou. J'occupe un haut poste dans la hiérarchie sauvage. J'aiguillonne bêtes et hommes, je matrone les poissons dans les rivières, je maintiens les familles sur le droit chemin, je suis une parcelle de conscience, un petit point d'âme qui vole dans l'air. Quasiment l'œil de Caïn sur la terre de Caïn.

Messnak est une extraterrestre aux amours mordantes et déchirantes, une petite déesse abandonnée dans l'immense solitude d'une étoile appelée Borealia, étoile rude et magnifique que les humains ont désertée, à la recherche d'une autre mouche, celle sédentaire et ordinaire de la domesticité. Salut *Messnak*, continue à parler aux poissons, à conseiller le caribou. Continue, petite délatrice, à faire ton travail de rapporteuse. Les humains n'ont que faire de ton pouvoir désormais. Ils pêchent le saumon à la mouche (quelle ironie !), ils utilisent des couteaux pour les dépecer, et jamais plus ils n'accrocheront la tête d'une grosse truite aux branches des épinettes.

Je suis le caribou

Le petit père des petits peuples du Nord

DANS LES MONTAGNES BLANCHES, il y a des arbres noirs. Le Grand Esprit des Caribous fait la loi sur ces immensités stériles. Il donne la vie, il la retire aussi. L'Esprit dit : nourris le bon chasseur, punis le mauvais. J'ai le pouvoir d'encourager la bonne compagnie, celui de sanctionner la mauvaise. Tout repose sur moi, le caribou des bois, le caribou de la toundra. Je suis au cœur du vivant pour qui veut vivre, je suis l'énergie de la taïga. Qui dit caribou dit viande, peau, moelle, os, graisse, omoplate, sang, estomac. Nul ne gaspille la moindre partie de moi, c'est *Paspakatshi*, notre maître, qui l'a dit. Caribou a force de loi.

Combien de générations de fiers chasseurs ai-je nourris, combien de personnes furent belles sur mon compte ? Femmes magnifiques au sourire éclatant et aux yeux brillants, enfants rieurs, hommes heureux ? *Donnez-moi ma viande quotidienne*, donnez-moi de la graisse mélangée à mes os broyés, réduits en poudre, ajoutez ma moelle bénéfique qui donne de l'énergie, de l'esprit. Je suis le caribou et je connais les hommes pour les avoir pendant si longtemps gardés en vie et en santé, dans le froid des plus grandes froidures en bordure des glaces et des glaciers, là où l'arbre et la pierre endurent. Les hommes m'ont suivi, je les ai fait marcher. Je suis la viande chaude et rouge des lumières sombres, en hiver. Je suis la vie dans la glacière, l'assurance du lendemain. Les grandes hardes du Nord sont les troupeaux célestes, bétail du Grand Esprit, *Tsche-Manitou*, nourriture fondamentale des chasseurs et des voyageurs.

Dans ces espaces inhumains, je représente l'espérance. Le prédateur croit me chasser, mais il sait dans le fond que je m'offre. Le caribou est sacrifice, il est normal que l'on me tue, pourvu que l'on me mange. Ce repas est sacré, chaque repas est sacré, récitation de ta gratitude, cantique de ta joie, boucherie religieuse où les bouchers sont officiants. J'existe dans tes rêves, je suis ton art et ton image, la course sans fin de ton vouloir-vivre. La viande et la graisse, le boudin et la moelle, tout cela n'est pas rien dans ce vide absolu où le froid te traverse le corps. Cela, simplement, fait chaud au cœur, ne pas avoir faim, retrouver ses forces, étirer sa route dans un élan de chaleur.

Prenez ma peau. Elle fut bottes et manteaux, culottes et bonnets, mitaines, capots. Plus encore, elle fut la toile de tes abris, j'ai eu l'honneur de t'abriller, une maison mobile en peau de caribou, plancher de branches de sapin, perches d'épinette noire, foyers de pierres chaudes, lumière de vie, fumées de rêve et boucane de liberté. Oui, je fus ta couverture, tes murs, tes souliers, ton souper.

Mon omoplate est l'os angulaire des plus grandes philosophies. Scapulomancie, divination, l'art de voir dans le futur lointain ou immédiat, cartographie spirituelle, combien d'êtres inquiets ont su lire entre les lignes de mes os plats passés à la braise?

Voilà la vieille femme à genoux qui fait voyager son vieux doigt le long des figures à la surface de l'os, celui qui a tant marché. Les autres attendent autour d'elle, ils écoutent la récitation de l'augure, la traverse de l'espace-temps. Cette tente se dresse et ce feu se consume au centre grave d'un monde immense dont le chemin est une courbe et le temps, une roue.

L'air de rien, je suis le caribou, la vache sauvage, le bétail libre du chasseur nomade. Mes poils sont remplis d'air, comme ceux des ours polaires. Comme lui d'ailleurs, je flotte dans l'eau, je résiste au plus grand froid sans grelotter, je vis au Nord comme un poisson de fond au beau milieu de la mer froide. Mes sabots sont des raquettes et des pelles, ce sont des rames et des couteaux. Bref, quand j'y pense, je suis magnifique. Sachez en plus que mes bois et andouillers sont aphrodisiaques. Quand on dit que je soigne les angoisses et que je comble les appétits… Plus que les vaches, j'ai vu passer les trains. Mais c'était le train du temps, l'authentique train-train des jours, au cinéma intemporel des paysages les plus anciens. Comme la vache, je ne suis pas bête, je suis seulement méditatif et recueilli.

Âme de la toundra, de la taïga et des bois, âme tout court, j'aime m'en aller, au sud, au nord, aux quatre orients, j'ai la bougeotte sacrée des esprits qui en mènent très large, saint mammifère du long cours. Je suis le roi de la sphaigne, de la mousse, du lichen et de la barbe aux arbres, ma beauté est résignée, mon honneur et ma dignité ont été sculptés par les vents du Nord, les poudreries sèches et les noirceurs grinçantes ; en été, je suis aux prises avec les tiques, les moustiques, les éclosions de mouches. Ce qu'il faut souffrir pour être beau.

Je suis le caribou, celui qui donne la force aux hommes, celui qui donne la force aux loups, le garde-manger des meutes et des familles. Mon œil noir réfléchit une étincelle subtile, toute la mémoire du monde tient dans ce clin de lumière, des monts Torngat du Labrador jusqu'en Abitibi, de la Coppermine à la Porcupine, je suis la vie sur quatre pattes, le petit père des petits peuples du Nord, l'*Atik* des Innus, la fale à l'air, la fale toute blanche, l'inépuisable marcheur.

Regardez une seconde votre pièce de 25 sous et arrêtez de dire négligemment que je suis un orignal ou un chevreuil. Dites à vos enfants que je suis un caribou. Et dites à vos enfants ce qu'est un caribou. Comme le castor, comme tant d'autres animaux aujourd'hui abandonnés, je suis un trésor vivant, un musée ambulant, un cours d'histoire en poil.

Quand vous viendrez au Nord en camionnette, sur les grandes routes de gravelle et de neige, quand vous viendrez en avion de brousse, confortables et sans risque de famine, dans des voyages organisés de chasse au caribou, avant de me tirer une balle qui ne peut me rater tant vos armes sont efficaces, plutôt que de penser à votre plaisir et à votre bière, faites donc une prière. Plutôt que de croire à ma bêtise, pensez plutôt à ceux et à celles qui, bien avant vous, nourrissaient leur famille à même moi qui consentais ; songez à eux pour qui ce tir sacré faisait la différence entre vivre et mourir.

Je suis le loup

Marathonien de la liberté

Pour être loup, il faut avoir la foi naïve du maraudeur ; nous sommes possédés par le démon de la liberté, nous trottons sans compromis, à l'aveugle et à l'aventure. L'uniforme du loup est une forme achevée, poils gris, poils jaunes, poils noirs, de belles oreilles qui entendent l'orgue des chutes, le concert du vent, les pianotements de la pluie, les tambourines des perdrix, les jappements des outardes, le cri hivernal du geai, la basse du corbeau, le blues du lièvre nocturne, la plainte avortée du coyote qui fausse. Nous avons les yeux ouverts, des yeux de braise dans la nuit, le loup voit tout et ne manque rien de tous les spectacles. Nous avons aussi un beau museau, un nez qui lit l'odeur de l'air, des crocs qui servent à croquer, une langue bien pendue et des cantiques pour prier.

Être loup est un honneur. Donnez-moi de l'espace et je suis. Il me faut respirer, m'essouffler, m'épuiser. J'ai besoin de vallées, de nombreuses coulées, de collines, de buttons, de trous dans les rochers, de rivières inconnues, de lacs oubliés, de forêts qui s'étendent à l'infini, des kilomètres de terres ensauvagées. J'ai soif de distance et j'ai faim de pistes interminables. Car un loup, ce n'est rien d'autre qu'un marathonien de la liberté.

Qui dit loup dit meute, la course d'une bande, d'un clan, d'une famille. Dans le monde du loup, il y a des frères, des sœurs, des grands-mères, des grands-pères, des louveteaux, des louvetelles. En fait, comme chez les humains. Vous connaissez le proverbe : *Le loup est un homme pour le loup*. Je m'organise et communique, j'élève mes jeunes, abandonne mes vieux, les plus forts dominent, les plus faibles attendent leur tour. L'étiquette est une matière obligatoire dans la formation fondamentale du loup.

Ma vie est une longue marche, ma vie est une voie sacrée que nous suivons à la queue le loup – *à la queue leu leu*, comme vous dites – entre deux murs d'épinettes endormies. Dans la meute, chacun sait son rang. Et nous rôdons de concert. Quand un vieil orignal au bout de son âge s'épuise rien qu'à traverser le fond d'une petite baie glacée, quand il cale et s'affaisse dans la neige lourde, nous sommes là pour le surprendre. L'un feint, l'autre effraie, le troisième contourne, et le dernier met à mort. Nous en aurons pour des jours à ne pas avoir faim, à nous sentir forts et d'attaque, à patrouiller les alentours sans trop faiblir. La vie est belle en société, le ventre plein, la force aux pattes, alors que nous avons le temps de contempler les belles nuits d'hiver sur les lacs retirés, la pleine lune qui éclaire mieux que le jour, d'une lumière plus douce, plus grave, plus profonde, tranquille comme la terre où je vis. Les grands espaces n'ont rien perdu de leur grandeur, être loup c'est être une sœur, un frère, c'est vivre en communauté, le sentier est un cloître, l'eau des criques est bénite, la forêt est une cathédrale, le ciel un grand mystère.

Ensemble nous chassons, ensemble nous sommes chassés. Car l'humain, pour des raisons obscures qui ne seront jamais éclaircies, nous en veut. Je fus traqué comme une vermine, tué à la carabine, empoisonné à la strychnine, piégé pour ma fourrure, ma tête mise à prix, mes oreilles contre prime, les humains m'ont fait la guerre, ô combien ils ont crié au loup! Acharnement inutile, mystérieuse obsession, contes calomnieux, légendes urbaines. Nos cousins d'Europe furent à peu près exterminés, il en reste quelques-uns, italiens pour la plupart, qui peinent entre petits boisés et tristes landes, obligés de marcher dans les fossés des autoroutes, coincés entre des usines et des douaniers français, déprimés, faméliques. Je ne connais pas un loup qui sait à quoi s'en tenir en matière d'humanité. Tantôt vous faites dans *le grand méchant loup*, tantôt c'est le déferlement de tendresse, *mon loup, mon petit loup, mon loulou*. Avec les humains, une seule chose à faire, s'en éloigner le plus possible. Se tenir à distance, brouiller les pistes, mettre entre eux et nous une barrière, chose facile en vérité quand on sait que le propre de l'homme est de s'emprisonner lui-même dans ses propres enclos.

Je suis le Loup. Il y a longtemps que nous nous sommes parlé, toi l'humain, moi le loup, nos rendez-vous se font de plus en plus rares. Je suis seul dans les bois désormais, seul avec mes semblables et les miens, dans le sauvage et dans le quotidien, seul à tenir le fort des insoumis. Tu passes sans jamais t'arrêter. Tu te souviens à peine du temps où je rôdais autour de toi, où mon ombre s'animait dans tes mauvais rêves, alors que tu vivais comme moi sur la terre indomptée. Nous partagions l'espace. Nous nous amusions à nous faire peur. N'avions-nous pas un pacte, moi le loup, toi l'humain? Cheminer et chasser, nourrir la descendance, dominer chacun de son côté sans jamais se nuire? Je t'attaquais rarement, tu m'attrapais quelquefois, nous nous observions de loin. Quand t'es-tu promené la dernière fois dans les bois? *Homme*, y es-tu?

Je te crains. Chez moi, la peur de l'homme est innée. La mémoire des loups retient l'image de nos lointains ancêtres qui se sont trop approchés de tes feux, qui ont trop quêté tes restants et qui ont mal fini, soumis à ton service, dépendants de ta main. Couché sur un cran de roche, les pattes dans la mousse et le museau dessus, je reste immobile, je ferme les yeux et je vous vois, toi l'humain, toi le chien. Je vous imagine attachés, tous deux le poil court, toilettés, bichonnés, frileux dans vos niches, je vous vois en promenade dans un parc urbain, mangeant votre moulée, souvent obèses, toujours angoissés. Qu'est-ce que le spasme de vivre, serai-je aimé, serai-je aimé? Pour toi, tout est question, pour moi tout est résolution. Tu me hais parce que je suis la liberté, cette liberté que tu chantes mais que tu as échangée pour le confort de tes aliénations. Moi, je ne mangerai jamais dans ta main. Qui donc attachera jamais le Grand Loup gris des Bois?

Nous avons de la résine dans le sang, infatigables loups qui respirons des océans de conifères, qui traversons des chaînes de lacs, qui passons les collines, beaux loups qui enfilons les territoires, des forêts laurentiennes aux mille et une proies jusqu'aux Terres Stériles où courent les caribous de la toundra.

Je suis le Loup, cela dit tout, je suis *Mahigan* en algonquien, prononcez *Mahigane*, un très beau nom en vérité, un nom de femme, un nom de belle divinité. Je suis le Loup, beau comme le monde qui m'entoure, beau comme le silence de la nuit que mon hurlement brise, beau comme la pluie qui tourne en brume, beau comme une vague de noirceur, beau comme la silhouette d'une épinette découpée par la lune.

Voir un loup et mourir.

Avertissement de la mésange à tête noire

IL NE FAUT JAMAIS CROIRE les animaux quand ils parlent. Ils sont d'un naturel vantard, ils jouent facilement sur les mots. Ce sont des magiciens et des philosophes, mariage insolite qui ne peut engendrer qu'un tissu d'illusions. Les animaux sauvages conservent un secret depuis longtemps perdu dans la tête des hommes, une évidence qui échappe à l'espace domestique. L'humain se targue de culture ; il ignore qu'il a tué raide la poésie du monde. Il ne sait plus toucher au cœur des choses, il a dénoué le fil qui le reliait au noyau de la Vie. Il fait désormais cavalier seul, pensant avoir trouvé son chemin, sa voie, et cela, il le croit dur comme science et raison. Nous, les bêtes et les branches, ne sommes plus de la partie.

Moi, la mésange à tête noire, je suis le petit cri du temps perdu, l'esprit qui anime les forêts figées de l'hiver, je sais où l'ours dort, la nature ne me trompe pas, elle me dit, elle me répète, *ceci n'est pas cela !* Tous les artistes le pressentent, les artistes sont les derniers humains originaux. J'assiste, naïve comme le bruant hudsonien, à la pièce de théâtre, la première et la dernière, je suis au vernissage, je participe à la plus grande journée de la culture qui soit, l'œuvre chef, le cantique des cantiques : jeudi, 29 novembre,

18 h 22, sur une branche gelée, dans mon sapin croche, je regarde le bouleau blanc d'en face.

Vous voyez, dans le bouleau, un arbre. Moi, je vois une femme, morte jadis au printemps de sa vie. Son amoureux l'a enterrée en pleurant, non sans l'avoir au préalable enveloppée dans un linge blanc, et puis il a quitté le pays durant près de cent ans. Plus vieux que vieux, il est finalement revenu sur la terre de son amour, où avaient poussé, partout, des bouleaux blancs.

Les arbres sont des anciens combattants, le loup n'est pas un loup, la neige plane, elle flotte, elle repose. Image magnifique qui donne vie aux choses.

Je suis le bison

Le taureau ultime

Il y avait autrefois un chef ouendat, ou était-il odawa, qui s'appelait Le Pesant. Ce mot dit tout, car Le Pesant, c'est moi. Je suis *Tatonka, Buffalo, Bison,* celui qui broute tête penchée, le difficile à inquiéter, la harde sauvage dans l'horizon sans fin. J'ai régné sur l'Amérique, seigneur des bois et des plaines, j'ai possédé cette terre riche aux âges d'or de la liberté. J'étais religion, rituel – pensez à la danse du bison, à la société du bison – autant que manitou, autant que toutes les images de l'imaginaire des êtres humains sur terre. J'étais plus que le taureau de Minos, plus que tous les taureaux du monde. Semence, jouissance et transe, un cercle infernal, je vous dis, le cercle puissant de la vie. Alors, tout allait bien.

Si je vous apparais mal dégrossi sous ma chape de poussière et d'âge, c'est que je viens du fin fond des temps. Mes lointains cousins d'Asie couraient dans les steppes du pléistocène, on peut même suivre les traces de mes petits-cousins d'Europe, là-bas, sur les parois des grottes. En Amérique, ma vie fut une saga. Pour ne pas dire une sale histoire. Au départ, nous étions sur cette terre comme au paradis. Nous nous nourrissions à satiété, grosse assiette et vaste menu.

Oui, la plaine était un plat et nous pouvions nous reproduire par millions sans avoir peur d'en abuser. Il y en avait des bisons, il y en avait de l'herbe. En retour, nous nourrissions la terre, nous nourrissions les hommes, nous étions utiles aux charognards et aux braves loups, couguars et grizzlis assez téméraires pour oser nous approcher.

Bison des plaines, bison des bois, bison de l'Ouest, bison de l'Est, j'ai sauvé le chasseur, j'ai blessé le chasseur; j'ai émerveillé la galerie, elle était noire de bisons innombrables, la prairie. Parlons de poids, parlons de force et songeons à la terre. Je suis fait pour le froid, pour la grande distance, pour les grandes surfaces, pour la profondeur des grands bois, Minnesota, Manitoba et Wisconsin, je suis bâti pour le Nord, pour l'été, j'ai fait le bonheur de tant de sociétés, grand esprit, manteau, maison, viande fraîche, pemmican*, feu, je fus au service universel des peuples de la chasse.

Nous ne nous sommes jamais cachés. Des dizaines de millions à occuper l'espace sans limite et sans souci. Puissance tranquille. Mal nous en prit, l'humain a fini par nous exterminer. L'un des plus beaux spectacles de la Nature s'est abruptement terminé et les feux de

* *Pemmican :* viande de bison séchée, hachée menu, mélangée avec de la farine de blé d'Inde (maïs, blé des Indiens d'Amérique) et de la graisse – *pmi* en algonquien, prononcé *pemmi*, d'où le nom *pemmican*. Nourriture de base de tous les nomades dans l'Ouest.

notre rampe se sont éteints pour en allumer une autre. Une nouvelle troupe est arrivée, les *Pantaloons*, de la tribu des « Money Makers ». Vous vous demandez ce que je veux dire ? Buffalo Bill était une bête de cirque. Un cirque dramatique. De son véritable nom Bill Cody, Buffalo Bill avait bien connu l'Ouest, le Grand Ouest, il était de son vivant entré dans la légende, celle des tueurs de bisons, *cowboys* en pantalon large, assoiffés de primes et d'argent ; les Indiens les appelaient la tribu des *Pantaloons*, car ils avaient entendu le mot « pantalon » de la bouche des coureurs des plaines et des Métis canadiens-français, qui disparurent en même temps que l'Indien, le Bison et la Liberté. À la fin, nos os blanchis recouvrant la plaine, on fit un cirque de l'affaire ; Buffalo Bill entretint la nostalgie des grandes chasses devant un public industriel, urbain, affairé. Il buvait, Buffalo Bill, il buvait la tristesse jusqu'à la lie, comme s'il avait eu l'intelligence de son absurde équipée.

Au départ, je mourais sans problème, dans l'ordre de la vie. Le chasseur y mettait du sien et l'affaire se faisait dans les règles. Tout un chacun me surveillait, moi, le taureau ultime, mon harem, mes petits. J'étais aussi gros que le paysage, au sommet d'un totem que vous ne pouviez ériger, faute d'arbre pour sculpter. Faut-il en vouloir à la sagesse du corbeau qui attendait ma mort ? Faut-il en vouloir aux peuples Siksikawa, Lakota, Dènè, aux Cris des Plaines et aux Métis qui se décarcassaient pour avoir une part de nous-mêmes ?

Je m'entendais bien avec les Anciens, car je n'ai pas peur de rien et j'ai joué le jeu. Ils me piégeaient, forçaient nos troupeaux dans des couloirs fatidiques, nous précipitaient en bas des falaises, massivement ;

il n'est rien de plus maudit pour un bison que de se faire couper l'herbe sous le pied, Le Pesant n'aime pas tomber dans le vide. Lourd comme je suis, dense comme je suis, la chute est toujours fatale.

L'humain me chassait à l'affût. Il se mettait une peau de bison sur le dos, feignait d'être un des nôtres, mais voilà qu'il se levait soudainement, se révélait un chasseur dans la place, avec sa lance et ses flèches. Ah ! c'était le bon temps quand même, un jeu entre les joueurs, chacun admirant l'autre, tous bien heureux de ces stratégies et actions. Quels souvenirs que ces chevauchées siouses, ces chasses métisses, ces colonnes de chariots, ces plaisirs bruyants et tout ce qui faisait la nature du monde !

Ma bouse chauffait les cabanes, j'étais poussière et tremblement de terre, j'étais l'adrénaline et la protéine, la force des trappeurs, la santé des enfants, la graisse, la peau, les os, la viande, j'étais la texture animale de la loi animale. J'étais la chasse du chasseur, j'étais le vent, la poudrerie, le brouillard, l'endorphine du prédateur, la joie de sa course, le mouvement de son rêve.

L'affaire a basculé le jour où les règles changèrent, les armes surtout, les intentions aussi. Sont venus les Modernes. Mon ennemi est la carabine, plus précisément la Winchester à répétition. Pour tuer l'Indien, dans l'Ouest, pour tuer le Métis, pour tuer un monde, tout un monde, il fallait tuer le Bison. Tuer le Bison, tous les bisons, c'est long. Le Moderne a changé les outils, il avait une gâchette facile. À l'aveugle, sans autre idée que de faire place nette, nous fûmes bêtement exécutés. Des montagnes d'os, *Oskana*, je vous dis, hécatombes et charniers, la plus grande opération de nettoyage que vous puissiez imaginer.

Nous sommes devenus les fantômes des plaines, comme les peuples de la Prairie, des âmes en suspens dans l'air, un parfum amer, un effluve de tristesse, quasiment un secret de famille. L'enclos s'est refermé autour de nous comme autour du chasseur, nous sommes devenus les proies de l'éleveur qui érige des clôtures colossales pour nous garder en cage. Pauvres bisons élevés comme des vaches, comme des moutons ! Misérables bisons devenus viande de supermarché ! Nous qui faisions trembler la terre.

L'empereur des Plaines est au cachot, humilié. J'étais Le Pesant, le couvre-chef des chefs, le mur de la maison, la couverture, le capot, tout ce qui vous tenait au chaud. Comment une chose aussi grave, une empreinte aussi marquée, une histoire aussi riche ont-elles pu disparaître le temps d'un éclair ? Je me suis enfargé dans le chemin de fer, dans le barbelé, dans la charrue, je me suis pris les pieds dans le Canada et les États-Unis, l'Histoire m'a eu. L'arpenteur a cantonné ma tombe, comme il a façonné celle de l'Indien et du Métis.

Pied de Corbeau* disait, au moment de mourir : « La vie, ce n'est rien de plus que le souffle du bison qui fait un petit brouillard éphémère dans la froide rosée du matin. »

---

* Voir l'*Encyclopédie perdue des Humains effacés*.

Je suis le couguar
Un lion sans flafla

JE FAIS DANS LE RARE. Ce n'est pas tous les jours que vous verrez un puma dans vos parages. Je suis là cependant, là où personne ne m'attend. Je suis au-dessus de tout soupçon. Fabuleux prédateur qui se moule sur la face cachée du monde. Je témoigne donc sous toutes réserves : le couguar ne parle à personne, il ne se lie à personne. Je suis sans compromis. Je ne dois rien à Carcajou, je ne dois rien au destin. Je suis le Sauvage. Si j'avais à vous parler, en tête-à-tête, je vous dirais ceci : faites comme si je n'étais pas là.

Le fait de ne pas exister m'arrange beaucoup. Personne ne se méfie, personne ne me cherche. Je suis solitaire, prudent, un être libre, absolument, puisque rien ne m'attire. L'indépendant, voilà ce que je suis. Au fil du temps, j'ai cartographié la terre d'Amérique et j'ai trouvé ces lieux où l'humain ne va jamais, j'ai calculé les heures où je peux déambuler sans inquiétude, mes études sont sûres, ma connaissance du territoire est féline.

J'arrive si bien à passer inaperçu que les gens seront toujours surpris d'apprendre que je rôde dans les parages de l'Abitibi, de la Laurentie, de la Gaspésie. On se rassure en m'imaginant vivre dans l'Ouest, dans les Rocheuses, moi, le lion des Montagnes, mais cela n'est que croyances de l'humain, cette créature dangereuse à deux pattes et trois fusils qui s'enfarge dans les bois en ne voyant que le bout de son nez. Le maladroit. L'éviter est un jeu de lionceau. Il est vrai que les montagnes font partie de mon domaine. C'est qu'elles regorgent de coins et de recoins, de pentes et de plateaux ignorés des hommes. Mais mon domaine est plus grand.

Jadis, j'étais partout, à l'aise au Mexique comme au Manitoba. Je tuais des wapitis dans la région de Montréal, j'étais au pays des Micmacs comme au pays des Chilcotins, de Canseau à Toffino, et de Flin Flon à Corpus Christi. Et je ne parle pas de l'Amérique du Sud où je suis aussi un familier. Le mot *puma* est d'origine quechua, vous savez. Cependant, c'est un signe, les Amérindiens là-bas gardent le silence à mon propos tandis qu'ils sont intarissables quand ils pensent le jaguar. Je suis un esprit plus qu'un animal, une âme taboue qui inspire le doute et la réserve. Je suis rare jusque dans les mythes.

Mais les Amériques ont bien changé. Il y a des villes et des routes, des champs et des maisons, des usines, des forêts commerciales, des entrepreneurs, des touristes, des avions de brousse, des caméras. Il a fallu que je m'ajuste. Je suis là, toujours là, dans les interstices et les intervalles, dans les terres encore et pour toujours *incognitas*. Il est immense le terrain que vous, les modernes mollassons, rivés à vos écrans, n'occupez pas. Vous êtes des âmes pathétiques, loin de moi comme vous n'avez pas idée.

Vivons-nous sur la même planète? Je n'en suis pas si sûr. Premièrement la nuit, sa pertinente obscurité. Je suis de la famille des chats, cela déjà me protège. Si je suis invisible de jour, imaginez ma nocturne furtivité. J'attaque par-derrière, mes proies elles-mêmes ne me connaissent pas. Elles n'ont jamais rien vu. Je leur tombe dessus, déchirant, lacérant, mordant. Le plus beau de moi est certainement ma queue, longue, très longue. Elle me sert de balancier quand je m'élance dans le vide. Ma queue est le secret de mon imparable bond, elle me permet une retombée d'équerre, précise. J'arrive de nulle part, c'est le cas de le dire, mais, implacablement, j'atteins ma cible. Toutes les qualités ont leur revers, ma queue trop longue fait une trace continue dans la neige si bien que, hélas! je laisse une signature. Pour un fantôme, c'est embêtant.

J'adore les cervidés – chevreuils, wapitis et orignaux –, quand ils sont jeunes ou trop vieux. Mais je mange aussi les lièvres, les porcs-épics et les castors. Autrement, je suis très poli avec les ours, ils sont un peu costauds, je laisse le lynx tranquille, il est de la famille (même si on raconte que sa chair a le goût de la perdrix) et je salue bien bas les loups. Nous avons, entre chefs prédateurs, un pacte de respect. Les loups ont une allure, ils ont un port, ah! la dégaine des chasseurs, ils sont fiers, ils sont tristes, ils sont magnifiques! Nous nous croisons toutefois sans un mot, regard hautain, démarche orgueilleuse. Chaque espèce a son air de ne rien dire.

Certains d'entre nous, des couguars malingres et des chétifs, des pumas penauds et nigauds, se risquent près des fermes. Ils tentent de tuer des cochons, des veaux, des moutons. Ils ne savent pas être lions. Ces pumas désespérés nous font mauvaise réputation. Remarquez, c'est rare, très rare. En général, tous les couguars sont assez bien constitués, physiquement et moralement. Nous nous en tenons à notre code. Nous n'endossons pas les gestes inconsidérés des délinquants et des harceleurs de fermes et de basses-cours. Ils sont nuisibles et ils nous nuisent. Car ils nous dévoilent.

La mère dit à son petit : tu es un couguar. Lorsque le temps sera venu, tu partiras sans regarder derrière. Tu seras seul et fier de ta solitude. Trouve un grand carré – des dizaines de kilomètres carrés – d'un bel espace tranquille et giboyeux, loin du moindre frémissement, du moindre grouillement de cette bête qui se promène en camion, en VTT et en motoneige. Cherche la paix profonde. Tu es né pour tuer, tu seras bienheureux, apprends à te lécher les pattes sur une corniche, contemplant ton domaine, surplombant, dominant, apprends à dormir sur tes deux petites oreilles rondes, l'estomac bien rempli, écoute la musique des étoiles, regarde la lune qui te regarde, la lune qui te cherche des yeux. Regarde le pointu des conifères, ces vieilles silhouettes, ces épinettes qui jouent des airs composés par le vent, il y a de cela cent mille longtemps.

Vis ta vie la nuit, vis ta vie en plein jour, là où se multiplient les caches, les géants morts, les cavernes végétales, les anfractuosités, les fougères de falaise, sous les boursouflures des parois cambriennes. Vis ta vie de couguar comme il se doit et comme il est écrit dans les anciens textes. Livre rare et perdu, grimoire de mes griffes, écrit avec de l'encre de sang, du sang de castor, ancienne langue râpeuse qui disait si bien les choses.

Je suis le couguar, celui qui n'existe pas. Le lion fantôme, comme un léopard dans la neige, celui que nul ne voit, mais que chacun craint. L'hiver me plaît, je ne suis pas frileux, encore moins pointilleux, vous ne me verrez jamais chercher une petite laine pour me réchauffer, le couguar ne boit pas de thé. Il ne dit pas : il neige. Je suis l'heureux avec lui-même. Avec ma face et mon poil, ma couleur rousse, ma couleur grise, et ma mentalité. Je suis un lion sans flafla.

Convenons de quelque chose : vous ne m'avez jamais rencontré et je ne vous ai rien dit.

Je suis l'outarde

Une lettre dans le ciel

LE CIEL AURA TOUJOURS été notre témoin. Je suis *Niskou*, la bernache canadienne, un cygne de passage, une oie sauvage, la belle peinturlurée sortie du cerveau d'un dieu dessinateur qui eut le génie de marier la ligne la plus fuyante à la force la plus brute. Je suis chez moi en Boréalie, je suis chez moi dans le sud du Mississippi. L'outarde est dotée d'une mémoire surnaturelle, voilà notre secret : depuis des millénaires, aucun détail ne nous échappe sur la carte aérienne de nos souvenirs. À force de passer et de repasser au-dessus du monde, nous accumulons les images. Vous croyez que nous jappons comme des chiens dans le ciel du matin, en vérité nous jasons et échangeons de l'information sur la nature du terrain. Nous sommes une meute en colloque annuel.

L'outarde flotte, l'outarde vole, elle fait le trait d'union entre les lacs sauvages et les champs cultivés, entre la toundra et les terres chaudes du Sud. Vous nous voyez de bas, nous vous voyons de haut, nous annonçons le printemps, nous proclamons l'automne, nos regards se croisent le temps d'une saison. *Outarde* veut dire « cartographe, géographe, savante en navigation, experte en relevés topographiques » ; *outarde* signifie « savoir d'où je viens, où je suis, où je vais » en vieille langue d'oiseaux migrateurs.

Notre corps est une roche grise à fleur d'eau, notre cou, une branche morte, noire et luisante, notre tête a été sculptée par mille ans de vents, et nos plumes nous composent un uniforme si isolant, si performant qu'aucun programme informatique, jamais, ne pourra en concevoir de semblable. Nous passons l'été dans des coins du Nord où pousse la tranquillité, tout près des sources de la paix. Le sol explose de foins et de graines, l'eau est vivante, froide et nourrissante, les nids sont protégés, la vie de l'outarde est ici très furtive. De cette abondance, nous nous gavons. C'est le paradis fleuri, l'éden de l'eider, la grande mare aux canards, où toutes les espèces voyageuses viennent se reproduire en belle cérémonie.

Les petits de l'outarde sont si charmants que le renard hésite avant de les manger (il les mange quand même). En fait, notre chair est fort prisée. L'outarde est la nourriture de la reconnaissance, la première dinde des familles réunies autour d'un foyer bénéfique. Nous appartenons à la poésie sauvage des premiers âges. L'esprit de l'outarde est précis ; fortitude et mémoire, élan continu de l'aérienne liberté, survol de l'obstacle, victoire contre tous les malgré, vent dans la face, neige mouillée. Il est de nos parentes qui passent l'Himalaya, traversant l'océan Indien jusqu'en Mongolie.

Je suis l'outarde, fidèle aux corridors anciens, une âme dans le passage, l'Amérique de bout en bout, je remarque la grange effondrée, cette nouvelle parcelle défrichée, la croissance des banlieues, les chablis dans le bois et les feux de l'année, les coupes à blanc, le reboisement. Les lumières au sol sont autant d'univers et de mondes. Survoler Montréal, Manhattan, Miami la nuit, c'est pour l'outarde une puissante expérience. Nous l'aurons vue grandir, cette galaxie !

La Grande Outarde est la mère des astrophysiciens, des climatologues et des agents de voyages. Inutile de le dire, nous en avons des étoiles dans nos têtes. Le cosmos est une de nos obsessions. Le moindre changement de luminosité dans une faible étoile en bordure de Cassiopée, voilà qu'une outarde le note, et ce n'est pas long que le voilier s'en empare, gros sujet de conversation pour la troupe, hypothèses, théories, ragots de bernaches et idées en l'air.

Je suis la reine de l'aller, du retour, volée de jour, long vol de nuit. Le vent me fouette, je résiste à tous les temps, une escadrille patiente qui ne compte pas ses heures, comme vos premiers avions qui suaient, qui râlaient des moteurs pour rester en altitude, mais qui pouvaient atterrir n'importe où, dans un champ de blé d'Inde, et même sur un lac, quand les pistons n'y étaient plus. L'outarde, mieux, est un gros, un beau camion. Cela voyage de jour et de nuit, propice à la poésie, à l'observation et à la philosophie, aux contes et aux légendes, les yeux dans le soleil levant, dans le soleil couchant, la tête lourde de pensées sauvages ; le camion passe, il s'en va, et il va revenir, chargé de kilomètres, des lieues et des lieues d'images défilantes. Ainsi en est-il de la répétition monotone, infinie, de l'air battu sous mes ailes, un souffle et un murmure, un rond sifflement, comme un piston, je vous le dis, un clapet de moteur diesel.

Et les outardes finissent par s'épuiser. En voici une qui n'arrive plus à suivre la cadence, elle traîne en queue de formation, elle se détache et perd de la hauteur, elle cherche un petit lac secret pour finir son voyage dans l'ombre des sapins et dans la dignité. Nous reconnaissons bien l'aboiement de l'outarde qui salue ses compagnes pour la dernière fois : allez! allez! moi, j'abandonne. C'est la chute joyeuse de la vieille outarde résignée : les humains ne m'auront pas eue, les humains ne m'auront pas canardée!

Il y a, dans la vie d'un humain, un nombre défini de passages d'outardes. À chaque fois que vous nous voyez partir vers le sud en automne, à chaque fois que vous nous entendez jaser dans les brumes du printemps, vous savez qu'un cercle a été bouclé. Le temps n'est pas une flèche, le temps est un ballon qui rebondit jusqu'à ce que l'élan s'épuise. Je ne faisais que passer et repasser, notre battement d'ailes était le battement de l'horloge universelle, le souffle haletant de l'énergie avant même que le temps ne soit inventé. Car nous avons le souvenir de la très grande beauté du monde, quand nous volions au-dessus de la terre, bien avant le premier humain.

Je suis le rêve de l'homme, partir, revenir, et repartir, je suis une femme envolée, une femme en liberté, mère couveuse, grand-mère pensive, je suis une lettre dans le ciel, la lettre « V », parfois un « I ». Je suis un message dans le ciel, une réclame aérienne, nous écrivons ensemble le mot « VIE », au moins deux fois par année.

Je suis le vison

Le poids de vos rêves

JE SUIS LE VISON, chapitre précieux du commerce des fourrures, vison d'argent et de fortunes, vison du luxe inutile de vos tristes cultures. Je ne suis pas mangeable, je ne suis pas sympathique, j'avais tout pour mériter la sainte paix. C'était bien avant les folleries humaines. Je fus au cou des reines, aux poignets des ducs, sur la tête des empereurs. Je suis le vison des arrivistes arrivés, du mafioso en quête d'amour, le vison des grands-mères qui ont été belles ; je n'en demandais pas tant. Ma sépulture, mon temple, ma pyramide, c'est la garde-robe en cèdre.

Je suis l'*Atshika* des Innus, le *mink* des Anglais, le vison d'Amérique, de l'Oklahoma jusqu'au lac La Loche, de la Traverse-des-Sioux jusqu'à Anticosti, du lac Rabaska jusqu'à Tallahassee. Je suis l'Histoire, sa partie fine, au même titre que le castor et la morue, que le renard, que la martre, l'histoire du continent de tous les pièges, trappes et appâts. Je fus détourné de mes courses. Fourrure plus chère que l'hermine, ce qui n'est pas peu dire, je m'enfonçai profond dans les chimères des hommes.

Mes courses furtives dans l'inextricable fouillis des branches auraient dû, pourtant, me mettre à l'abri des fourreurs. Ma famille, mes cousins, mes quasiment pareils, martres et autres agressifs, sommes tous de la même venue : les petits mammifères de la mort, certes, mais des tueurs de bas étage. Rapides, cependant nous nous faisons prendre. Convoitise, lucre, fantasmes… j'ai failli devenir la collerette du bonnet rouge du pape. Tout me sera arrivé au sommet de la hiérarchie des peaux. Dans les grands et petits destins de chacun et chacune, j'ai joué la part du rêve.

Connaissez-vous tante Mina? C'était une femme d'envergure, belle, libérée, résolue, bien campée. Elle visait haut dans la vie. Pour des raisons qui m'échappent, elle voulait un vison. Afin de l'obtenir, elle s'est donné beaucoup de peine. Elle a combattu les conventions de son époque, travaillé comme une forcenée, enterré deux maris et, finalement, elle a pu se le payer, son rêve. C'était moi. Sur son dos, j'ai fait de belles sorties. Nous sommes allés souvent à l'opéra, dans des banquets et des réceptions, à quelques mariages mémorables, à plusieurs funérailles, et à combien de fêtes du jour de l'An! Oui, je me souviens de ses épaules, de son parfum et de ses mains. Ensemble, nous avions de la classe. Il fallait nous voir descendre les escaliers en grande pompe, madame fraîchement coiffée, finement fardée, soirée d'hiver, neige de décembre, puis nous engouffrer dans la grosse voiture, l'Oldsmobile vert bouteille, vitres teintées; nous allions au spectacle, au restaurant, j'entendais sans mot dire les rumeurs du vaste monde et la musique de ses conversations. Mina et moi étions des stars. Durant des années, moi, le vison sauvage, elle, la femme cultivée, fûmes des attractions.

Et puis Mina pleura, car elle avait vieilli. Nous étions toujours beaux mais un peu défraîchis. De coup d'âge en coup d'âge, tante Mina se retrouva confinée chez elle, me retirant quelquefois de la garde-robe, m'étendant sur ses genoux, me flattant comme si j'étais vivant, me racontant des histoires, la nôtre en somme ; et puis Mina mourut, ce fut pour moi une longue retraite, dans la penderie en cèdre blanc qui sentait fort l'oubli.

Un jour, deux petites filles ouvrirent l'armoire, extasiées. *C'est le vison de tante Mina ! C'est le vison qu'on voit dans les vieux albums de photos !* Elles jouèrent avec moi, feignant les belles dames, puis elles m'abandonnèrent aussi rapidement qu'elles m'avaient adopté. Bien plus tard, une de ces fillettes, devenue femme, me redonna vie dans la société. Nous sortîmes au théâtre, à l'opéra, fréquentant les mêmes vestiaires qu'autrefois, où je jasais avec d'autres manteaux de vison, certains nouveaux, d'autres qui dataient de mon temps et que j'avais bien connus jadis. Parlez de retrouvailles !

Connaissez-vous mon oncle des États-Unis ? Celui qui conduisait une Pontiac Parisienne, qui nous visitait au moins une fois par année, dans le temps des fêtes, se vantant d'avoir roulé de New York à Montréal sans s'arrêter – manifestation du splendide état de sa prostate ! –, l'oncle riche qui faisait des cadeaux sans compter, sa liasse de dollars américains bien en vue, l'oncle prospère qui fumait des Marlboro, ses grosses bagues aux doigts et, vous vous en doutez bien, qui portait un paletot noir avec un large collet en vison. C'était bien moi, sur les épaules d'un homme affairé, je sentais l'ail et la lotion « à barbe », la cigarette aussi, enfin des odeurs métropolitaines, j'étais le confident de toutes ses magouilles.

Mon oncle des États-Unis a lui aussi fini par vieillir; les paletots savent que le temps passe, ce sont eux qui prennent le mauvais temps. Mon oncle n'est plus venu à Noël faire étalage de sa superbe devant la parenté, il ne pouvait plus faire le voyage d'un trait, en vérité il n'avait plus d'automobile; il vivait, reclus et perclus, dans un logement suranné de Brooklyn, seul comme un vieux soulier ayant perdu son copain de la paire. Il fumait toujours, il toussait, marmonnait de l'inaudible, en français, ses souvenirs de rien du tout, et il me regardait, moi, le collet de vison, le simple col de son plus beau manteau, il me touchait avec ses doigts jaunis, il se rappelait cette soirée à l'opéra, à Montréal, où il n'avait pas su dire à tante Mina qu'elle était belle, qu'il l'aimait, qu'elle était la femme de sa vie.

Deux visons s'aimaient d'amour tendre; l'une est partie en Oldsmobile vert bouteille, l'autre en Pontiac Parisienne, l'une tournant en rond dans les rues de Montréal, l'autre se perdant dans les rues de New York, des cœurs battant pour rien, des yeux inquiets dans le noir de toutes les nuits humaines, des espoirs, des chimères, des occasions perdues; l'impossibilité.

Pourquoi moi ? Pourquoi pas la marmotte, le pékan, la mouffette ? Je ne suis pourtant pas un manteau à ma naissance, ni une cape, je suis une simple bête à poil, le poil dont la Nature m'a pourvu afin que je demeure au chaud. Je suis le Vison, l'*Atshika* des Innus, le fuseau agile, le tueur sauvage. Les gens passent, les manteaux restent, imprégnés des odeurs du destin.

Vison, piège absolu ; nous, les animaux sauvages, portons sur nos épaules tout le poids de vos rêves brisés. Merci beaucoup.

Je suis la souris des bois

Le petit témoin

JE PRENDS PEU DE PLACE, aussi je serai brève. Juste le temps de passer et de laisser derrière quelques petites crottes sèches, ma signature. Voyez comme je voyage. Je quitte le pays de ma souche, me faufile sous un tapis de mousse, traverse une forêt de lichens, puis une montagne de feuilles, des galets et des écorces, et me voilà en terre inconnue, une autre souche, d'autres trous, et combien d'espoir. Simplement, je vais à la recherche de nouvelles souris avec qui faire des souris. Notre revanche ne peut être que celle des berceaux. Deux souris qui naissent pour une prise dans une trappe, tel est notre projet, notre progéniture.

Suis-je un campagnol, un mulot, une musaraigne ? Du nom de la souris, qui se soucie ? Nous souffrons du syndrome des lieux communs, un petit tour et on s'en moque, on peut en dire n'importe quoi. D'accord, il y a toutes sortes de souris et cela prête à confusion. Souris blanche, souris grise, souris de terre, souris d'eau, souris domestique et jusqu'à l'incroyable souris verte, souris de proverbes, souris animée. Sans compter nos petits noms : La Boiteuse, La Menue, La Pansue, Queue Coupée, Oreille Rose...

Moi, je suis la souris des bois, qui n'est pas le rat des champs. *Apoukousis* en algonquien. J'ai le ventre blanc, le dos brun chevreuil, le museau pointu, des moustaches qui vibrent, des oreilles rondes qui captent tous les bruits, des yeux charbon qui voient bien dans le noir et un corps qui passe partout. Si le museau passe, le reste suit. Je suis petite, j'en conviens. Mais cela me convient, justement. Car ma vie est à mille lieues de vos peurs et vos légendes. Voilà que je ferais fuir les éléphants, que je sèmerais la terreur chez les grands-mères!

C'est moi la terrée. Nocturne et nerveuse, furtive et fuyante, voilà ce que je suis. Je travaille la nuit et je surveille, immobile, le passage du jour. Au moindre bruit je sursaute et tressaute, je suis la victime d'une vie trop grande pour moi. Je figure au bas de la chaîne alimentaire, ce qui signifie petite misère. Mais j'ai tout de même quelques lettres de noblesse. Toi, l'humain souverain, le fabricant de trappes assassines, le génie des souricières, l'empoisonneur, sache que je suis ton plus lointain ancêtre. Il a bien fallu que la lignée des mammifères commence quelque part, minuscule et poilue, filant entre les pattes des dinosaures. Mais, vous ferai-je remarquer, c'est nous qui avons survécu, triomphant des âges ingrats. Accoucher d'une souris, dites-vous? Non, c'est la souris qui a accouché du monde. En reconnaissance, nous devrions avoir nos greniers sacrés, temples et totems, des montagnes de graines à grignoter, du fromage à Noël, nous devrions, je l'affirme, être déclarés saints animaux de la Miséricorde. Le culte des ancêtres, vous connaissez?

Être souris, c'est être d'office condamnée à mort, petite bouchée du hibou, de l'épervier, de la couleuvre et même du chat stupide. De toute façon, si rien ni personne ne nous tue, nous ne vivons pas longtemps. Quelques tours et nous sommes de vieilles souris. Nous mourons généralement de crises de cœur. Il bat trop vite, notre cœur, vous comprenez ? Dans la forêt, déjà, cela passe si vite, nulle souris ne flâne ou ne traîne la patte. Mouvement, sous la neige, sous les feuilles, il ne faut rien remettre au lendemain. La souris pille et dilapide, comme l'apeuré qui n'a plus rien à perdre.

Nous confessons de bien mauvaises habitudes : il nous est difficile de résister à l'attrait des maisons. Le paradis de la souris, c'est une résidence secondaire, chauffée, avec armoires, tiroirs, caves, entre-murs (et pas un chat). Nous aimons l'encombré, le bric-à-brac, le sens dessus dessous, les capharnaüms, les recoins, le fouillis, les drigailles. Lorsque nous atteignons ainsi la terre promise, le gîte, le logis, nous avons la faufilade joyeuse ; la moindre anfractuosité, la plus petite fente dans un solage, voilà un grand tunnel, un passage royal. Et tout de suite nous faisons des souriceaux. Comme s'il était urgent de nous établir, de conquérir ce monde béni. Mais, la plupart du temps, l'histoire finit mal. Souricières, poisons et hécatombe. On ne compte plus les victimes.

Pourtant, vous et nous sommes en pays de connaissance, vous les humains, nous les souris. Combien de nuits et de saisons passées ensemble, combien de récoltes, combien de souvenirs communs. Des souris et des hommes, il faudrait faire l'histoire. Car, bien que sauvages et libres, nous vous avons toujours accompagnés, dans vos voyages, dans vos sacs à provisions, dans vos villages, dans vos greniers à blé, partout où vous avez accumulé des réserves, nous étions là, fidèles compagnes de vos campagnes. Vous avez beau nous mépriser, nous traiter de vermine, lancer vos chats à notre poursuite, nous sommes toujours là. D'ailleurs, la souris apprend des choses à force de se tenir dans vos caves et vos greniers, nous avons accès à vos mémoires, à vos souvenirs, à vos rêves et à vos déceptions. La souris sait bien des secrets à propos des humains, est-ce pour cela que vous vous acharnez sur elle ?

Vous ne voulez pas de témoin.

Je suis le hibou

La gargouille d'avant les cathédrales

Je suis le Hibou, tous les hiboux, le Grand Duc de la Nuit, le petit duc de la Branche, l'Épervier des Brouillards, le Harfang des Neiges, la Chouette des Marais, l'Effraie de la Poutre, l'Ébouriffée à aigrettes, le Surveillant de la Brunante, triste Quasimodo dans la flèche du clocher, l'esprit de Windigo en veste de plumes, le Sage à Bec en très docte livrée, le philosophe renfrogné dans le creux de l'arbre sec, le professeur dont nul ne veut entendre l'entendement. Mes griffes mordantes voient dans la nuit. Mes yeux perçants enserrent l'espace-temps, je suis une statue qui perce le réel, le guetteur qui s'anime, le volant silencieux, l'immobile fulgurant. Nous sommes des Seigneurs et des Dames, des Sœurs qui descendent du ciel en provenance de l'enfer.

La forêt cathédrale multiplie ses chapelles et nous sommes du peuple des alcôves. Chacun perché dans son repli, nous attendons que la vie passe et, quand elle passe, nous la prenons. Nos perchoirs sont des parloirs où l'ordre des hiboux hulule dans le crépuscule, comme pour éveiller la conscience. Le sourire du hibou s'adresse à la souris, c'est un sourire de fer. Chant de cimetière, voix funèbre, ce qui regarde le hibou est toujours grave et profond. J'ai des yeux jaunes pour tout voir, j'ai un port qui échappe à la vue. Voici le prêche à la noirceur, le sombre angélus de la nuit, de la nuit blanche des damnés et des condamnés.

Le hibou n'aime pas les partys et les sauteries. Il fuit les distractions et, si vous voulez me contrarier, faites un feu d'artifice, déhanchez-vous au son d'une musique obsédante et moderne, parlez fort, criez, soyez hystériques et vociférants, éclatez-vous ! Je n'aime pas la joie et les emportements. Je n'aime pas non plus la danse ; d'ailleurs, quand les souris dansent, nous mettons fin à la ronde. Je suis le « saisissant », le casseux de la fête, le rappel à l'ordre dur du monde. Soyons sérieux.

Pendant longtemps, vous avez voulu ma mort, vous souhaitiez chasser de vos esprits les images que je vous retournais. Personne ne songeait à mon utilité. Je suis précieux dans la guerre contre les armées de rongeurs. Je suis la punition de tout ce qui sautille et rebondit, la terreur des souris grignoteuses. Quand je m'envole, c'est que je fonds sur une petite proie qui est morte du moment que je la vois. Lorsque les rats gris ont envahi l'Europe en provenance de Tartarie, chassant les rats noirs autochtones, inondant les villes et polluant les campagnes, vous m'avez réhabilité dans le cercle de vos amis. Vous étiez débordés, paniqués, comprenant d'un coup que les hiboux ont toujours été des alliés de classe. Malgré son amnésie notoire, l'humain sait tout cela depuis des lunes et des lunes. Il sait mon pouvoir, il sait ma manière. Il reconnaît l'assurance du hibou. Il voit bien à quelle enseigne je me loge.

Magnifiques hiboux, cruelle élégance de l'absolue précision de chacun de nos gestes, nul surmulot ne survit ne serait-ce qu'à nos ombres. La mort en bel habit glisse vers lui, sans chance de survie, la mort qui arrive de nulle part, une chape, une cape, des griffes qui se referment, des ailes qui l'emportent. La chasse me désennuie, elle me délie, exerce mon cerveau. La chasse me sort de ma léthargie, de ma fixité de boiserie, cela me réchauffe le corps, amuse mon esprit. Je suis bourru, bourré, petit baquet, rusé puisque léger comme un courant d'air. Noblesse de robe, vous disais-je, aigrettes, masque, et mante de velours. Le Hibou a un costume à faire rêver, il saisit ses proies avec l'art d'un évêque intrigant, au temps des capes et des surplis.

Les belles forêts d'Amérique, la feuillue, la boréale, et les grands espaces, de la taïga jusqu'à la toundra, furent et sont toujours le berceau des hiboux. Je tue lemmings au nord, jeunes bernaches, oiseaux de passage, je bouffe du campagnol dans les sous-bois, le Grand Duc en attrape une douzaine par jour. Dans la forêt boréale, la Chouette lapone lève le bec sur les souris blanches, elle préfère les souris brunes. Si les souris le savaient, elles feraient comme le lièvre en hiver, j'imagine. Le gros et grand Duc a besoin d'un nid assez solide pour soutenir son poids, il pirate les nids du Grand Héron. Pour les autres, c'est selon, la Chouette occupe le nid de la corneille, du corbeau. Certains nichent au sol. Mais le plus beau, c'est le Moyen Duc, le plus discret, qui se fond à la surface de l'arbre, s'aplatissant sur l'écorce, s'enfouissant dans les nœuds.

Ah! le Harfang! *Ukpik!* Grand seigneur de l'hiver, le hibou blanc de nos histoires, du sang rouge sur la surface immaculée, la petite fumée chaude de la vie qui s'évapore, qui perd de sa chaleur, le beau Harfang qui pêche dans la neige comme le Balbuzard dans l'eau, l'oiseau bouleversant qui fait la fierté de l'espèce. Nous sommes pour la plupart des spectateurs de l'ombre, dans le passage et dans le creux, mais nous allons d'un bout à l'autre du spectre lumineux, du plus noir de la grande noirceur jusqu'à la lumière froide d'un midi glacial, en janvier, dans le cœur poudreux d'un champ de neige, alors qu'il frappe, emportant un lemming en silence, notre héros le Harfang.

Je suis un radar, un rayon qui balaie des champs et des champs. Avez-vous vu mes yeux, fermés, ouverts ? Et ma tête qui tourne. Je détecte le mouvement. Il y a dans ma tête un écran. Tout est parfait, tout est précis, je ne fais aucun geste inutile, aucun mouvement de trop. J'étais le rayon de la mort bien avant les visions modernes et technologiques de l'armement. Vision nocturne, traitement de l'information, plan de vol, angle d'attaque, furtivité, mémoire, nous sommes des généraux du Pentagone en état permanent de veille dans la lutte contre les rongeurs envahisseurs.

Je suis les ancêtres, l'antique généalogie, le rappel du temps qui passe. Je suis déjà sculpté à vos mâts totémiques. Je suis le Grand Duc, encore plus noble que les Aigles et les Éperviers, et mes forêts sont des grands-duchés. Je suis les yeux des vieux arbres, le regard éternel, gargouilles primales d'avant les cathédrales, la sentinelle dans une tour de guet. Vigile, agile. Il est minuit et tout va bien, vous pouvez dormir tranquille.

Je suis le ouaouaron
Chanteur de charme

NE MÉPRISEZ PAS LA GRENOUILLE et encore moins la plus grosse des grenouilles. Je suis la *bull frog*, la grenouille-taureau qui voulait se faire aussi grosse que le bœuf, la puissante, la profonde, une note basse qui sourd de la nuit des temps. Nous sommes les petits tambours de la musique originelle, hymne à la vie et à la chère humidité, la «femme collante» des mythes amérindiens, celle par qui tout vient au monde. Roi de la «swompe», le ouaouaron est une bête de sexe, un jeune premier dans l'univers des contes. Une princesse m'eût-elle embrassé, je me serais transformé en beau prince, certes, mais en colosse surtout, un géant chevalier au service d'une belle qui, d'une façon absolument inespérée, en aurait eu pour ses rêves les plus fous.

Ouaouaron est une lune mouillée, une invite à l'amour. Je saute, tu sautes, je ne coasse pas pour rien. Qui s'époumone ainsi a dans la tête un but précis. Je saute, tu sautes, mon bond est le bond de l'amour. Je chante la divine Ouaouaronne, la séduction est tout ce qui m'intéresse, il faut que je batte les voix adverses, je dois être le gagnant du concert. Nous sommes tous gonflés à bloc au départ de la brunante, c'est l'heure du passage et des transformations, la plage des métamorphoses ; nous sommes l'inspiration féconde. Je joue à saute-ouaouaron et je vous dis que cela est très bon. Il faut que je monte la belle, puis une autre belle, une fois, vingt fois, toute la nuit. Les savants n'ont jamais vraiment compris la nature véritable du saut de crapaud. C'est pour l'amour, voyez-vous, et nous connaissons des états de jouissance marécageuse dont les humains ne peuvent avoir idée – têtards, allez vous coucher ! Cette jouissance s'appelle bonheur, elle s'appelle occasion, et moi, petit ressort, je ne laisse rien passer.

Je suis la pluie qui tombe et le ruisseau qui tourne en rond, je suis la renaissance et le recommencement. En hiver, lorsque le temps est mort et que les heures sonnent avec dureté, reproduisant le bruit des cristaux de froid qui s'entrechoquent dans le mouvement de l'immobilité ; quand la neige tournoie comme du sable gelé, soufflée par un vent d'épouvante ; quand il fait noir en après-midi et que les arbres hurlent et quémandent la pitié ; quand même le loup se roule en boule et cherche à disparaître sous sa queue trop courte, moi, le maître des eaux, je dors profondément dans mon trou de boue, dans la terre noire de l'attente, et je n'ai aucune part à cette souffrance générale du monde. La vase est la matrice de l'évasion et je pourrais dormir durant des années si la chose se trouvait.

Un jour, la terre se réchauffe et le temps reprend son cours liquide. Alors, me revoilà, toujours prêt, à l'affût de tout ce qui bouge et beugle. Il est très clair, notre univers : conquérir toutes les femelles du monde en un temps record. Connaissez-vous un humain qui en aurait l'énergie ? Sans parler de la liberté ? Voyez au-delà de mon évidente laideur, passez outre à mon apparente froideur. Le ouaouaron se trouve beau dans le reflet de son étang, maître nageur qui baye aux corneilles, qui surveille son plan d'eau, attendant dans les herbes mouillées que se couche le soleil, donnant le signal de la fête, le lever des rideaux de la scène crépusculaire... et que la cérémonie commence, avec chants et accouplements, jusqu'à épuisement !

Jadis, le serpent est tombé sur terre et il s'est rompu les os. Nous, les grenouilles – et moi la plus grosse en premier –, nous nous sommes mises à rire sans pouvoir nous arrêter. Nous avons tellement ri qu'il nous est resté une bouche fendue qui fait penser à une éternelle béatitude. Les serpents s'en sont offusqués et, depuis, ils ne cessent de nous poursuivre pour nous avaler. Le serpent est, comme nous, impliqué dans les affaires de mœurs. Il n'est jamais loin de la grenouille. Visqueux, pernicieux, il prétend avoir fécondé l'œuf universel et engrossé la déesse-mère de tout ce qui existe dans la tête des humains. Car, au contraire du ouaouaron et des grenouilles en général, le serpent est un menteur et un enjôleur. Il n'est pas franc, c'est un faux frère. On le retrouve dans la Bible, vous savez.

Qui me connaît sait ce qu'est une vraie cuisse de grenouille ! J'ai un tour de taille, j'ai du coffre, je constitue à moi seul un bon repas. Je suis le gros lot du grand héron, le plat de résistance de la couleuvre, un festin, mon ami, un festin. Ouaouaron, le bien-nommé des Hurons, le rond de rond, le petit baril, le baryton. Je suis le ouaouaron, le chant du soir, sonorité iroquoise, vieilles chinoiseries amérindiennes, danses païennes, chansons grivoises, je m'éclate, je multiplie les têtards, je tourne les coins rond, je suis le plaisir brut du crépuscule, la liberté, absolument, qui se réclame des belles heures, les vespérales, entre chien et loup, quand la lumière nous traverse l'âme.

Toi, mon chevalier de pacotille, perdu dans tes chimères de puissance, dessine un ouaouaron sur tes armoiries ! Oublie le lion, l'aigle, le cheval rétif ! Prête serment au Ouaouaron, appel au sexe et à la déraison, consécration du fécond. Et surtout, honore notre devise : *Jamais ne se dégonfle !*

Grenouille, ô grenouille, à quoi penses-tu dans tes marais, quelle chanson chantes-tu soir après soir, quel discours nous tiens-tu, toi qui emplis les vallées et les basses terres du son mystérieux de tes chants de gorge ? Chorale des petites brumes, prière humide de la terre qui s'endort, sauvage berceuse de la nuit qui tombe, vous êtes des fantômes sur des feuilles flottantes, la voix venue de nulle part, d'un nulle part lointain, au-delà du jardin. Car tu es là, juste à côté, nous t'entendons si bien.

Je suis le Communicateur, celui qui s'abouche. Je récite, psalmodie, à la frontière de l'eau et de la terre, entre l'ombre et la lumière ; la grenouille-muse chante les strophes des heures sacrées du monde. Je suis un flocon de neige qui se transforme en têtard, une goutte de pluie qui devient grenouille, une grenouille qui devient souris quand l'eau se retire, une souris qui se refait grenouille quand l'eau revient, je suis la reformulation des saisons, le temps qui passe, moi Ouaouaron.

Si jamais quelqu'un vous traite de grenouille, relevez fièrement la tête : vous faites partie du clan des clans, celui des bardes et ménestrels, celui des « sauteux » et « sauteuses », des romantiques, des séducteurs, chanteurs de charme, chanteurs de psaumes, non, si jamais quelqu'un vous traite de grenouille, asseyez-vous dans l'eau et remerciez la brunante de ne pas être n'importe qui.

Je suis la libellule
L'aviatrice en robe du dimanche

JE SUIS LA GRANDE DRAGONNE, chasseresse impénitente, impossible à distraire de sa vocation immémoriale. Mes yeux sont ainsi faits que ma vision du monde est inimaginable. Acuité, le mot est faible, parlons plutôt d'explosion. Explosion de couleurs, de reflets, de formes et de détails. Je suis la libellule, la belle libellule, pour moi le monde est éclatant. Là où vous regardez dans le vide, je vois des milliers de petits corps volants, chacun appétissant, je vois aussi des arcs-en-ciel, des pollens, des spores, je vois un tableau qui bouge, des formes qui se décomposent, qui se recomposent, des gradations et des nuances de couleurs qui s'associent, qui se métamorphosent, des poussières fines, je vois de l'eau en suspension, la rosée.

J'appartiens à un autre univers, celui tout petit des insectes, une terre si vaste et si diverse que nous pourrions parler d'un cosmos parallèle. Je suis l'avion, l'hélicoptère, la machine à remonter le temps. La libellule entre sans montrer patte blanche au panthéon des chefs-d'œuvre de la Nature. Si nous avions développé un cerveau pensant, si nous avions pensé comme nous volions, alors nous aurions dominé la Terre, maîtres de l'air et des mammifères.

Libellule magnifique, emprisonnée dans l'ambre, dans la résine pétrifiée d'un conifère ayant poussé il y a quelques millions d'années, libellule en coffret naturel, une pièce monumentale au grand conservatoire que la Vie elle-même préserve, par souci de mémoire; l'ambre est si pur, l'ambre est si dur, matière lumineuse qui m'honore en me montrant au cœur de mon sarcophage sacré, le cercueil du temps. Car je suis très ancienne, je volais déjà au temps des dinosaures. J'étais jadis plus grosse, plus longue et certainement plus bruyante. Mais les mouches étaient énormes, aussi, et les maringouins déplaçaient beaucoup d'air. Il leur en fallait de l'allant pour piquer un tricératops et suivre le vélociraptor. C'était le bon temps. La Terre était chaude et vaste, pleine de *libelluleries*, c'est-à-dire d'impressions, de représentations, de transformations de la lumière. C'était le paradis de l'eau, du soleil, des grandes fougères, des palmeraies et des conifères duveteux. Et moi, j'étais à la mesure de mon époque.

Puis vinrent les grands bouleversements. J'ai vu la Terre dans tous ses états. Je l'ai vue torturée, pulvérisée, souffrante, soignant ses blessures. J'ai vu mourir les dinosaures, je me souviens des réchauffements, des refroidissements, des empoisonnements; le carbone, les nuages noirs, le bruit des volcans. Je fus aux premières loges des plus grands drames et fulgurances sur la scène de la vie qui évolue et fait son chemin. Car je vole, car je vois. Les insectes résistent aux pires conditions et ils sont là, toujours, prêts à envahir, à se reproduire, à occuper le plus de place possible.

J'ai une forme, une allure qui m'appartient. Une tête qu'on n'oublie pas, une grosse tête ronde, telle une coque, une bulle, un long corps fuselé, quatre ailes, une mâchoire cachée. Tout le monde reconnaît la libellule, rien qu'à l'apercevoir. Nous chassons en escadrille, allant partout où les nuées se lèvent. Nous surveillons les éclosions spontanées, nous savons quand et où les mouches prennent l'air. Une fois connu le champ d'action, nous voilà toutes ensemble pour le travail d'équipe; les grandes batailles aériennes s'engagent au-dessus des plans d'eau, au-dessus des prairies. Les attaques se sont poursuivies depuis toujours, car les insectes ont ceci de particulier : ils se reproduisent à un rythme effarant, ils vont sans état d'âme, kamikazes anonymes qui filent sans autre but que de piquer un chien, un homme, un arbre. J'accompagne le tracteur quand il fauche les champs, voyez s'envoler les nuages de moustiques, je me nourris à même les sillons frais.

Piqué, plongée, mouvement latéral, arrêt complet, décollage vertical, recul en vol, je suis un ange qui se sert de ses ailes, l'ange de la mort pour les insectes sans défense; la libellule est un prédateur imparable. Sans moi, les mouches seraient encore plus innombrables, elles pollueraient le monde vivant, seraient la terreur des animaux à sang chaud. Moi, je réduis la population des piqueurs et des suceurs. J'ai pour territoire les espaces dégagés, les clairières, les bords de lac, les couloirs de ruisseau, les étangs à castors, je patrouille au-dessus des foins, des joncs et des quenouilles. Je suis votre alliée, votre guerrière et votre mercenaire, une aviatrice en mission. Remerciez la libellule comme vous remerciez le ciel, ayez une pensée reconnaissante quand vous me voyez voltiger, je tue les mouches, les brûlots, les noires, les frappe-à-bord, les maringouins : je les mange, je nettoie, je maintiens l'ordre.

Le cerf de Virginie me remercie, lui qui souffre tant du harcèlement de la mouche à chevreuil. Moi, je remercie le castor qui me fait de beaux étangs, incubateurs de nouvelles générations de proies. Je travaille de concert avec le tyran tritri, l'hirondelle, la chauve-souris et combien d'autres combattants utiles. Je suis la libellule, mauve, bleutée, créature bouleversante de perfection, de précision, d'endurance. Je suis un as… qui cache un hélas ! Eh non, je ne gagne pas toujours, la vie ne va pas sans blessures. Le prédateur, aussi agile, aussi aérien soit-il, peut devenir une proie. Toile d'araignée, ouaouaron embusqué, oiseau furtif, pare-brise de gros camion, tout arrive qui me coupe les ailes et m'écrabouille ; piégée, gobée, frappée, eh oui ! la libellule a ses cauchemars.

Parfois, sans que personne le sache, je vole pour rien, sans intention, juste pour le plaisir de me remplir les yeux de couleurs, pour sentir le fond de l'air et faire des passages au-dessus des jardins d'eau, des nénuphars fleuris. Les mouches alors sont bien surprises de me voir passer sans porter mes attaques : l'aviatrice en robe du dimanche qui tournoie sans aucun plan, en air de beauté, la libellule qui danse.

Je suis la Demoiselle, délicate et cruelle, fine et brutale, élégante et assassine, furieuse et batailleuse. Je suis la demoiselle aux quatre ailes, une jeune fille en crinoline, aux jambes longues et légères, une fée en somme, une lutine au bout du conte.

Je suis le saumon

Appelez-moi combat

JE SUIS LE COURANT et je suis le courage. Poisson-mémoire qui s'en va et revient sans dire un mot de son voyage. J'ai vu la mer furieuse, les fosses du diable, j'ai des morsures de requins-marteaux dans le dos, des cicatrices d'expéditions extrêmes. Je suis de rivière, d'estuaire et d'océan, petit pois deviendra alevin qui deviendra tacon qui deviendra saumoneau qui deviendra grand. Je suis un festin; poisson charismatique, poisson œcuménique. Je suis esprit de recommencement, volonté à l'état pur. Le cycle du saumon est une roue marine, une belle machine profilée pour faire face à l'empêchement. Je vais, je viens, je meurs. Tout mon corps est un cœur à l'ouvrage.

L'histoire est simple. Je vois le jour dans l'eau douce, je fais mes classes dans l'onde claire des rivières les plus vives, je jouis du calme sauvage, comme un enfant de la forêt au sein de la forêt la plus tranquille, jeunesse innocente à suivre les corridors d'une école rassurante. Et puis, vient le temps du grand départ, le moment de prendre le large, à l'aventure et aux dangers.

Dans le silence profond des océans les plus froids, les saumons jasent de leur rivière natale, ils se comparent et s'encouragent. Le saumon ne se souvient de rien, ni des échecs ni des temps durs. Il n'a qu'une chose en tête, se souvenir d'où il vient; il n'a qu'un but, revenir chez lui. Il sait qu'il n'est de voyage qui n'ait son point de départ. Grand cercle de la vie à parcourir, à refermer; je suis le saumon nostalgique, celui qui croit dur comme fer qu'il n'y a qu'une façon de mourir en bon saumon, c'est d'épuisement sur les lieux de sa naissance.

Je suis du Pacifique, de l'Atlantique, de l'Arctique, ma chair est rouge à l'Ouest, rose à l'Est, je passe et repasse de surprises en étonnements. Sur les côtes déchiquetées de la Colombie anglaise, je file entre les îles, je longe les falaises, mon dernier voyage est une métamorphose, une prouesse de la nature. Ma peau devient rouge, ma tête verdit, mon corps développe des formes combattantes : gueule mordante et dos bossu. Alors je me bats. Et je meurs au combat.

Moi, de l'Atlantique, j'allais jadis jusqu'au Niagara. C'était la chute finale de mes ancêtres, un mur, une impossibilité. *Niagara* est le nom du dernier saumon qui a réussi à sauter ces chutes. Ce saumon devint un héros mythique, dans l'Ancien Testament des Salmonidés. Et quiconque a fait le voyage jusqu'au pied de ces cataractes gigantesques comprendra qu'il est des sauts qu'il vaut mieux ne pas tenter…

Nous sommes allés si loin au cœur des terres qu'il arriva ce qui devait arriver. Certains se sont égarés. Le « petit saumon perdu » s'appelle Ouananiche. Il est prisonnier de l'eau douce, mais nous ne saurons jamais si c'est par accident ou bien par choix. Il se pourrait que le petit saumon perdu était moins égaré qu'on ne pense, qu'il ait opté pour une existence moins tumultueuse. On n'appelle pas l'eau « douce » pour rien. Il se la coule facile, notre petit-cousin. Dans les grands lacs et les belles rivières, la note de sa vie est moins salée.

Je suis bon bouilli, grillé, fumé, séché, en sauce, en sushi, en boîte et en soupe. Je suis le Nourrissant. Me manger, c'est manger de la force pure, c'est communier avec l'alpha et l'oméga du monde. Aussi, mes retours font s'attrouper les hommes, les ours et parfois les loups. Ils savent où nous passons. Ils nous attendent, profitant de notre folle résolution. J'ai provoqué des convoitises – pêche privée, clubs sélects, règles d'aristocrates. Je fus la prise des riches et des gens de pouvoir ; j'inspire le pouvoir. Je suis un seigneur qui rassemble, je suis un seigneur qui divise. Guerre du saumon, paix du saumon.

Poisson des présidents, des commandants, des marquis et des précieux, des riches et des rentiers, des artistes du lancer, des docteurs en mouches ; silence de juin, gestes rituels du pêcheur dit sportif, religion de la tribu des *sportsmen*, qui font la pêche comme on joue au golf, loin du peuple et des sauvages. Les Innus et les Micmacs, qui tuaient le saumon depuis des siècles et des siècles, devinrent des domestiques, des guides, des spectateurs : interdit de pêcher le poisson familial ! Finis les torches, les filets et le nigog, finis les festins de la bande. Vous connaissez la suite : révolutions, revendications, bravades et affrontements entre les nobles et les roturiers. Matapédia, Godbout, Mingan, repères historiques de la libération des pêcheurs oubliés.

Je nais et je meurs à la frontière entre la mer et la terre, au point de rencontre entre les poissons et les hommes. Mais y tenez-vous vraiment, à cette rencontre? Vos barrages me tuent. Il n'est rien que vous n'ayez fait pour entraver mon destin. Non seulement je suis devant l'obstacle à la longueur de mes saisons, mais voilà que vous salissez la fontaine, que vous bétonnez après avoir rempli les rivières de billots. Comment voulez-vous que saumon s'amène? Il y a de moins en moins de rivières sauvages, moins de tranquillité, moins de pureté. Nous viennent même des échos d'outre-mer : la Tamise n'est plus ce qu'elle était, paraît-il, l'Angleterre a changé, Richard Cœur de Saumon s'en est allé. Même chose à Paris, imaginez la Seine!

Toi l'humain, tu étais jadis un beau saumon. Tu te souviens de ton effort, de ta foi, de ton courage aveugle, tu te souviens de tes courses en bande, de tes accidents de parcours, de l'envie de tout laisser tomber, de la reprise de ton combat et ainsi de suite qui fait de chaque existence une course unique. La rivière, c'est plus qu'un cours d'eau, c'est la vie qui défile. Et la vie descend le courant, elle s'en va vers l'inconnu, nous savons tous qu'elle n'a qu'un sens, le descendant, et toi aussi, tu meurs en essayant de remonter vers la source, en pensée.

Mon nom est montaison; elle est rude, la voie du saumon. Plus je vieillis, plus le courant m'est contraire, et plus la contrariété augmente, plus grand est mon élan. Regardez cette vieille épuisée, blessée par les bouillons et les rochers, admirez son naufrage, elle va mourir, elle va pondre. Honneur aux belles saumonnes, à ces porteuses de nouvelles vies, à ces courageuses et à ces remonteuses, pleines de lendemains, qui frayent dans l'eau claire et cristalline, de la Moisie à la Bonaventure, et qui sautent et qui sautent par-dessus les eaux blanches.

Nous avons voyagé en grand nombre, refait l'itinéraire mille et mille fois. Comment nous nous y prenons pour retrouver notre rivière de jeunesse ? Ah ! la grande question ! Je pourrais vous répondre que nous nous alignons sur la course des outardes, mais nul ne sait comment se dirigent les outardes, ni les humains, ni les saumons. Disons que je connais et reconnais mon chemin. J'ai mes passes, mes passages, moi, l'océanographe, l'hydrologue, le lutteur. Je suis une carte mémoire, un poisson dirigé, le poisson prodigue qui revient à la maison.

Je suis le poisson dignitaire ; si ce n'était des saumons, il n'y aurait plus de rivières à saumon.

Je suis la baleine
Le ventre universel

Je suis la reine voyageuse, la grosse dame qui médite, la chanteuse du grand large, l'immense dans l'immense, je suis la déesse-mère, berceuse et câline, la gardienne de l'esprit salin. Je suis *arviq, qilalugaq, tuugaalik*; baleine blanche et bleue et noire, baleine boréale, cachalot, rorqual, béluga, narval, je suis la ronde, la lisse, la chaleureuse, une barrique de vie, d'huile et de graisse, tout en chair tout en cœur. Dommage que personne ne parle ma langue, car j'ai beaucoup à dire. Je suis plus grosse de mémoire que je ne le suis de taille. Des mégatonnes de mémoire.

Pourquoi l'eau, pourquoi les mers et les océans? Pourquoi jadis les Anciennes ont-elles repris le large et replongé dans les profondeurs? Nul ne le sait plus. Nous avons beau penser, communiquer, retenir nos traditions, la cause originale s'est perdue dans la grande noirceur des grands fonds. Il est d'ailleurs probable que ce retour aux sources ne devait rien à la raison. Elles avaient vu la Terre, nos aïeules, l'avaient marchée et arpentée, puis elles s'en sont retournées dans la Mer, bradant leurs pattes pour des nageoires. Contrairement à leurs lointains cousins, les hippopotames, elles en avaient assez de cette lourdeur, je crois.

La baleine a choisi de voyager léger. La terre continentale est faite de pentes et d'obstacles, d'anfractuosités et d'aspérités ; il faut de la fourrure, une couenne dure pour faire face aux excès de la température, aux revers de fortune, il faut attendre le printemps, à tous les ans, attendre que se calment les vents, combattre l'adversité, et le soleil brûlant. La Terre a l'air dur. Nous, baleines, avons une peur bleue de nous embourber, nous avons reconnu que l'eau était une caresse et la caresse, un courant.

Et nous y voici, à suivre les courants océaniques comme les aigles suivent les courants d'air. Flotter, quelle sensation ! Le milieu liquide est suprême, la preuve en est que l'homme, ce cerveau fertile, n'oublie jamais le ventre aqueux de sa mère. Dès sa naissance, il force, il peine, il se muscle juste pour se déplacer. Marcher est périlleux, on risque toujours de tomber. Ce n'est pas drôle, la bipédie, la station debout, le mal de dos, le mal de vivre ; on voit bien que le sol est solide et que les cœurs nostalgiques n'arrêtent pas de rêver au bercement originel de la matrice maternelle.

Je suis toujours grosse, apparemment toujours enceinte, je suis le ventre universel. Ils sont nombreux à s'être retrouvés dans mon sein, de Jonas à Héraclès, comme s'il s'agissait d'un passage obligé. Rite, initiation, transformation ? La baleine est un grand mythe, une machine à fabriquer des légendes de marins, des histoires de baleiniers ; je suis totem, esprit, fantôme, j'ai toujours occupé une place considérable dans vos imaginaires.

Je suis la Mère liquide du Monde, vous ai-je dit. Et est-ce assez dire ? Écoutez les vieux récits inuits. La rumeur hyperboréenne, ancienne comme l'eau froide, comme la glace, comme le vent glacial, comme la pierre battue par les vagues qui se brisent sur les vagues, l'outre des métamorphoses, la cage des souvenirs utérins ; mes côtes arquées et blanchies forment les murs courbés des premiers temples, aérés, oxygénés, lumineux, absolument religieux. Je suis la croyance pure d'avant le paradis terrestre. Car le paradis fut océanique avant d'être sur terre. Il était assez froid, il s'appelait Plancton.

Savez-vous ce que veut vraiment dire l'expression : *être dans son élément* ? Regardez-moi. Je me laisse porter. Mon poids est absolument secondaire, je n'y pense jamais. Le froid ne m'atteint pas, ni même les vagues de cent pieds de haut, les tempêtes ne sont pas des tempêtes, rien ne vient troubler mon confort dans l'eau. Il y a entre les baleines et les poissons une différence considérable : les poissons ignorent tout de la vie sur terre. Moi, je *sais* que je n'ai pas à me lever, pas à me coucher, je jouis de mon laisser-aller, pour dormir je n'ai qu'à fermer les yeux. Le poisson, lui, n'a jamais connu autre chose que son plaisir poisson, il baigne dans sa béate béatitude, il prend la mer pour l'Univers. Lorsque vous croisez pendant une nuit de novembre trois grosses morues à bonne profondeur, vous comprenez ce qu'est vivre sans avoir la moindre idée de son bonheur.

J'ai l'océan en partage, l'appel du large, l'appel des profondeurs, tout cela est ma routine. Les grands espaces, je connais. La profondeur, aussi. Vous vous doutez bien que l'union de la surface et de la profondeur confère la sagesse. Je suis d'encre et de lumière, je nage sur la crête du plus grand des mystères.

De l'Antarctique jusqu'aux tropiques, de la mer du Nord à la mer des Sargasses, tant d'heures dans l'eau à chanter le chant des baleines, en bandes, en petits groupes, à dormir, plonger, remonter, jeter un coup d'œil au ciel avant de replonger, respirer bruyamment, propulser une colonne d'air comme un grand jet de fontaine, un faisceau de gouttelettes sifflantes, foncer dans des murs de bonnes choses à manger, nous gaver de krill et de plancton, grossir, grossir. La mer est nourricière et la baleine ignore la sensation de petit creux. Nous mangeons large, nous mangeons profond. Et nous allons là où les eaux sont si riches que nous nageons dans notre soupe.

Nous avons l'esprit de famille. Le baleineau est une petite vie qui joue dans le sillage protecteur de sa mère. Il est folâtre et imprudent. L'élever prend une éternité, il y a tant à lui montrer : où aller dans l'immensité, que manger, comment se sauver, jusqu'où plonger, comment éviter les hauts-fonds, résister à l'attrait des plages, ces cimetières râpeux, ces échoueries funestes, comment chanter, comment reconnaître les siens, à quel moment il faut partir vers les eaux tempérées, pourquoi remonter vers le nord, à quoi ressemble un tueur de baleines, un bateau de touristes, une caméra vidéo, qu'est-ce qu'un homme-grenouille, sans parler des dauphins de Delphes, de l'île Herschel, des baleiniers de Boston, des Bretons et des Norvégiens, des Japonais, et que dire des orques, ces bandits des mers ! Une baleine bien élevée est une masse de savoirs.

Oui, je suis la mère des mers : des tonnes et des tonnes d'affection, de préoccupations, de stratégies protectrices. J'allaite, je berce, je rassure. C'est de l'amour à grande échelle, c'est le goût de la vie, le goût du lendemain. Je suis une outre de lait, une mamelle géante. Immense bulle de vie qui s'éclate dans la mère océane ; l'effervescence ultime.

Ma graisse m'isole, bien entendu, elle m'enveloppe absolument. Je file dans l'eau glaciale, la nuit, sans que le désespoir me gagne. Je ne frissonne ni ne claque des fanons. Cependant, je suis sensible, j'ai la peau délicate. Allez savoir ce qui est à la source d'un semblable paradoxe! Je saigne pour un rien, le harpon me fait mal. Et Dieu sait que je fus harponnée. Poursuivie, traquée, tuée, on me comptait en nombre de barils. Ma graisse était un bon combustible, elle faisait jadis la chandelle et le petit feu, j'ai éclairé l'Europe au temps de ses plus grandes noirceurs.

Baleiniers, baleiniers, harponneurs sans honneur, savez-vous la valeur du sang que vous versez ? Imaginez une baleine bleue de 100 pieds de long, d'un poids de 145 tonnes, très âgée. Imaginez un rorqual à bosse, une baleine noire, une baleine boréale, tant de vie et tant d'âme au cœur de cette masse de graisse, tant d'années, de kilomètres, de sensations et de savoirs ! La mort d'une baleine est une grande fin de vie. Qu'une d'entre nous, par-ci par-là, finisse dans le ventre d'un Inuk, éclaire et réchauffe son igloo, serve à l'armature de son *umiak* – à bord duquel il ira chasser la baleine ! –, qu'une de temps en temps s'offre pour la survie d'une famille, cela va bien. Nous n'avons jamais protesté contre les petits baleiniers. Mais que nous y passions toutes, repérées au radar par vos navires-usines, poursuivies par une artillerie plus précise que les chasseurs de sous-marins, cela m'apparaît un peu bête. Immensément bête.

En réalité, nous le savons, l'humain rêve d'être à notre place, il rêve de devenir baleine. Il se sait ridicule et minuscule, il reconnaît l'inaccessible grandeur, et c'est pour cette raison qu'il est si ambigu. D'un côté il remue mer et monde pour nous exterminer et, de l'autre, il nous idolâtre, accoudé au bastingage des bateaux de touristes qui nous collent à la queue pour nous prendre en photo.

J'envoie un message à la mer : sauvez les baleines, laissez-nous vieillir tranquilles dans notre cloître océanique. Donnez-nous le temps de dériver un peu, de flotter, de nager puissamment, de chanter et de danser dans le grand courant. Ne nous tuez plus à l'aveugle, ne brûlez plus les parchemins abyssaux, ne dilapidez plus une pareille masse encyclopédique.

Je suis l'ours blanc

L'âme des glaces flottantes

JE SUIS LE *NANUK* DES INUITS, le *Wapaskou* des Innus, je suis l'ours blanc, la véritable étoile polaire, la belle du Septentrion, le magnifique Boréalien. Dans l'interminable nuit noire des hivers de l'Arctique, je rôde à la grandeur de la toundra et des immenses mers gelées. Je ne m'informe jamais des degrés de température, je ne commente pas la force du vent. Je surveille plutôt les humeurs de la glace, bien sûr, je la souhaite épaisse, mais fracturée quand même, avec des trous d'aération par où le phoque vient respirer. Hélas, le monde change, le monde fond. Déjà, nous n'appartenons plus à l'air du temps.

Jacques Cartier m'a pris pour une vache marine, imaginez. Son équipage m'a aperçu alors que je nageais de Terre-Neuve à Blanc-Sablon, un petit bras de mer, une traversée de deux jours, balade. Voilà qu'on me suit, me harcèle, m'observe, me surprend et me tue. Être tué n'est pas la fin du monde, mais qu'un Malouin me confonde avec une vache blanche, c'est vraiment assassin. Il partait de bien loin, le pauvre. Il cherchait un royaume, il cherchait un empire. Il ne pouvait pas savoir qu'en m'apercevant, il rencontrait le grand Seigneur du Nord, l'esprit des nuits bleutées, l'âme des glaces flottantes. Il cherchait le Magnifique sans avoir aucune idée de la Splendeur.

Je suis plus qu'un roi, plus qu'un empereur, je suis libre dans les glaces, souverain et heureux, car le Grand Froid est le creuset des plus étonnantes beautés. Mes crépuscules sont indéfinissables, mes journées sont comme mes nuits, pleines d'infinis silences sur fond de chocs et crépitements de glaces à la dérive, de vents poudreux que rien n'arrête ; parfois, on en vient même à deviner le bruit que fait une étoile filante quand elle chute et s'efface dans le ciel pur d'une nuit ordinaire. Oui, l'absolu est mon ordinaire. Personne ne décrira jamais la profondeur du champ arctique, le plaisir de flâner au beau milieu de l'inaccessible.

Je suis l'athlète des jeux d'hiver, à la course, à la nage, au plongeon, à la force. Rusé comme un Inuk, puissant comme un grizzly, rapide et résistant comme un cheval tartare, nautique comme un caribou, solide comme un bœuf musqué, plus résolu qu'un grand loup, je suis ici chez moi, dans l'eau comme sur la glace, dans le blizzard comme dans les monts sans âge et les vallées de cristal ; j'ai au cœur toute la magie du Nord.

Toutes les ourses blanches se prénomment Aurore, leur nom de famille est toujours Boréale. Elles sont en effet lumineuses, chatoyantes et filantes. Le romantisme nordique est d'une qualité que l'homme du Sud, le Frileux, ne pourra jamais comprendre. Rares sont les humains qui ont déjà goûté à l'élan de passion dans les espaces infinis de la Boréalie.

Vous vous demandez comment nous arrivons à nous retrouver les uns les autres dans un pareil désert? Nous sommes au pôle de la Libido. Pour une ourse, je traverserais l'Arctique à la nage. Il n'est pas d'océan glacial qui refroidisse l'ardeur des ours blancs. Le Froid est propice à l'Amour.

Au sud, nous jaunissons, nous brunissons, couleurs de la fonte et de la boue, couleurs impures des aires tempérées. Nos pauvres cousins de Churchill au Manitoba, *Nanuk City*, là où les ours polaires vivent en ville et dans les dépotoirs, sous protection de la loi sur le Vivant Dérouté, font peine à voir. Ils attendent les glaces, de plus en plus tardives, sur la baie d'Hudson. Jadis cet endroit était un haut lieu de rencontre, nous y tenions de grosses réunions pour traiter de nos affaires. Il a fallu que la Compagnie de la Baie d'Hudson construise un fort en plein milieu de notre Mecque à nous, puis il a fallu qu'une petite ville naisse, Churchill, un port pour charger le blé de l'Ouest, bref, il a fallu que les humains s'en mêlent pour que notre congrès tourne à la farce et que nous devenions les acteurs obligés d'un cirque touristique.

Moi, *Nanuk*, je connais bien l'Inuk. Nous avons un grand pan de banquise en commun. Jusqu'à hier, il s'intéressait au phoque tout comme moi, il le chassait à ma manière, à l'affût, patiemment, immobile, à juste distance de son trou d'air, se cachant le nez avec ses grosses mitaines pour que son souffle ne trahisse pas sa présence, avec la résolution du chasseur qui sait qu'il va frapper. Comme moi, l'Inuk élevait ses enfants dans des maisons de neige, des maisons rondes isolées du froid par des murs de froid; comme moi, l'Inuk maîtrisait l'océan, heureux sur l'eau à patrouiller les

innombrables baies, et comme moi, il man
gras. Il rougissait sa face du sang chaud de

Voyez ma démarche, voyez l'allure de
Je porte lourd, mais je porte longtemps. Comme un mouvement de pendule, un poids qui va d'un côté et qui s'arrête sec, puis repart de l'autre côté, comme si j'allais tomber, mais là aussi, la masse se bloque, et ainsi de suite qui me fait avancer, les pieds tournés un peu vers l'intérieur, mon derrière en brelant et ma tête en ballant, oui, la légende déambule, elle s'en va, s'en va, selon sa courbe et sa manière.

Je parcours des distances considérables. Et mes semblables sont partout. Vous me verrez à Tuktuyaktuk, à Igloolik, *Nanuk* du Nunavut, du Nunavik, vous me verrez en Alaska, dans la péninsule du Kamtchatka. Mon domaine, c'est le toit du monde, la calotte glaciaire. Il eût été souhaitable que la Terre garde la tête froide. Mais ce n'est plus le cas. La planète est fiévreuse, elle fait de la température. Alors, je me désole, je m'inquiète, je perds du terrain, c'est-à-dire de la glace. Je deviens le symbole du changement climatique, prochaine grosse bête à tomber sur la liste des animaux en péril.

Je suis l'ours polaire, l'immaculé puissant, le témoin glaciaire des ères spectaculaires. Je n'aime pas les arbres, les forêts et la terre, je suis plutôt marin. Il est arrivé à certains d'entre nous de s'égarer, de perdre le nord et de partir dans le mauvais sens, c'est-à-dire vers le sud. Dans notre tête, ces histoires sont effrayantes et nous nous les racontons, question de nous faire des peurs : d'immenses forêts dont on ne sort jamais, le temps qui se réchauffe et pas un phoque en vue ! Quelle misère !

Il y a soixante ans, un des nôtres, une légende parmi nous, s'est même rendu sans le savoir jusqu'au bord du lac Saint-Jean. Il atteignait les frontières du pays des Frileux. Cet ours, un grand explorateur, somme toute, avait quand même fait un grand voyage, la première traversée complète de la forêt boréale, du nord au sud. Jamais un ours blanc n'avait réussi pareil exploit. Dans le cours de ses tribulations, il rencontra des ourses noires, ce qui n'est pas une mince affaire. Cela donna des oursons à moitié noirs, à moitié polaires. Personne ne les a vus, mais ils existent, ces rejetons heureux de nos belles rencontres. Quant à notre héros, il n'est jamais revenu ; il est demeuré là-bas, pour l'éternité, immobile, un vulgaire tapis !

Eh oui, je sais que ma peau devant un foyer inspire les chasseurs aristocrates portés sur le safari nordique. Comme si tuer un ours blanc donnait de l'élan ! Le chasseur apprivoisé, avec ses armes sophistiquées, ses costumes ridicules, son billet d'avion dans sa valise, prêt à tuer et prêt à repartir, ce chasseur venu de loin, d'un pays poussiéreux où la nature est étrangère, celui-là est vraiment pathétique. Et pas un ours, quelle que soit sa couleur, n'apprécie mourir à cause d'un comique. Encore moins d'un comique qui s'ébat sur une peau d'ours !

Mais rassurez-vous : la comédie achève. Bientôt, nous ne serons plus qu'image et souvenir. Cet hiver si long, cette immobilité, ce temps figé, c'est fini. Mon temps de glace se réduit. Quand le dernier *Nanuk* fera son dernier tour de piste dans une piscine de Marine Land, vous vous rappellerez que j'étais blanc, que j'étais imposant comme une banquise, que j'étais lourd comme une âme surchargée, l'ours pesant qui flotte comme une balle de neige, vous ferez un retour pour vos enfants sur les images perdues de grands espaces gelés remplis de goélands géants, de corbeaux affamés, de phoques et de femmes bélugas, d'enfants renards, de déesses de la mer emprisonnées dans le cœur d'une pierre, toutes ces formes que les chasseurs artistes n'arriveront plus à retrouver.

Je suis Nanuk, au sommet du monde, et c'est par son sommet que le monde a commencé à s'effriter, crème glacée molle en voie de fondre au soleil. *C'était aux temps de l'ours blanc... avant, avant... dans l'autrefois de l'ourse-mère... aux origines... Ô pôle nord, sans moi tu seras seul... démagnétisé.*

Je suis le phoque

Une bête politique

JE SUIS UN BAIGNEUR ÉTERNEL, une baigneuse. J'aime l'eau froide, les plages de sable, les plaines de glace, les criques, les îlots perdus, les baies. Je dors à marée basse, je m'ébats à marée haute, plongeon, dérive, chasse et poursuite, je suis un loup, un loup de mer aux canines efficaces, je mords dans le maquereau à pleines dents, phoque gourmand, comme mes frères du Groenland, comme le Barbu et l'Annelé. Nous sommes gras et vigoureux, des yeux pour voir dans la mer, vingt-trois minutes sans respirer, cent mètres de profondeur dans le noir, une tête à jouer dans les vagues, un corps fusiforme pour filer rapidement dans le sens de l'eau ; je caracole, je ronfle, je marmonne.

C'est le commun qui vous parle, les autres m'ont délégué. Ils reconnaissent que j'ai vu beaucoup d'hommes dans ma vie. Petit matin gris, petit matin beige, je suis le phoque commun de toutes les rives, de toutes les côtes, de la Californie du Nord jusqu'à l'île aux Lièvres, vous savez, en face de Rivière-du-Loup. Pendant longtemps, ma tête fut mise à prix dans les eaux canadiennes, jusqu'en 1947, je crois, comme si l'homme avait voulu tuer les jours ordinaires en tuant son phoque quotidien. À l'instar du grand loup gris des bois, le loup marin mort rapportait cinq dollars à celui qui ramenait la carcasse. Pauvre de nous, rien que cinq dollars, pour toute une vie de rêve, un minable cinq piastres en échange de toute cette liberté.

Le phoque est une belle machine marine. La mère transporte son petit sur son ventre, elle lui mordille le cou, le saisit avec sa gueule, comme les chattes avec leurs chatons, pour le soustraire au danger. Nous sommes des familles, des bandes, des sociétés organisées. Nous parlons beaucoup sous l'eau. Il est bon de s'avertir les uns les autres quand rôde le requin ou la terrible orque épaulard. Et je ne dis rien de l'ours blanc pour qui je suis un repas complet. Encore plus, sa raison de vivre.

Ma peau a certainement de la valeur : imperméable, isolante, souple, je suis dans l'eau comme le caribou dans la toundra, bien pourvu en poil de qualité. Je vous ai vêtus, je vous ai bottés et réchauffé les mains, je fus coque de petits bateaux. Le phoque est une structure, le phoque est un tissu, une fourrure, une paire de mitaines, un pantalon, un manteau long. Je vous ai nourris, je vous ai engraissés. Personne aujourd'hui ne pourrait comprendre ce que ma capture représentait pour un chasseur inquiet des lendemains de sa famille. Je suis allé jusqu'à vous éclairer. Huile de lampe, petit feu doux, la flamme d'une chandelle. Oui, je suis un peu caribou, un peu baleine. Un animal aussi plein ne passe pas dans le vide.

Les anciens marins croyaient que j'étais une sirène fantastique, une baigneuse, une bombe sexuelle. Ils s'ennuyaient beaucoup durant leurs longs voyages. Ils avaient le temps de désirer. Mes beaux yeux, mes rondeurs, ma nudité, la puissance de la houle, la douceur de la crique, qui sait ce qui passe par la tête des humains quand ils se mettent à délirer. Ils voient des femmes nues dans la mer. Peu importe qu'elles soient étranges et étrangères, il suffit que je ruisselle et les voilà lubriques.

Le phoque est un bouc émissaire, c'est aussi un animal politique. Nous ne savons rien du fond de l'affaire. Mais il apparaît que nous sommes aux nouvelles, dans les journaux, à la télévision. Il se raconte sur les rochers, sur les glaces que les humains sont divisés à notre simple sujet. Il s'agit de la chasse et il s'agit de nos bébés. Nous allons finir par nous croire importants, voire attendrissants. Mais que voulez-vous, tous les goûts sont dans la nature et les goûts évoluent à travers le temps et l'espace. Pour un phoque, se faire flatter provoque un choc. Nous sommes des loups, des loups marins, ne l'oubliez pas. La main de l'homme n'est pas un objet de désir. Comme tous les animaux sauvages, nous vivons dans l'espoir de vivre; nous échappons tous les jours à la mort. L'humain, tout comme l'ours, est sur la liste des espèces à éviter. Alors, quand il se présente avec l'idée de nous caresser, cela dépasse l'entendement.

Retournons dans l'eau, filons sous les glaces, dans cette noirceur qui laisse passer quelques filets de clarté, bien à l'abri, sous une calotte, l'eau verte, l'eau noire, l'eau froide, avec dans nos têtes, la liste précise de nos trous de surface, là où nous allons respirer, heureux comme des poissons dans l'eau. Mais nous ne sommes pas des poissons, nous sommes des baigneurs extrêmes, nous l'avons dit. Il faut revenir à la surface et, à chaque fois, nous tentons nos chances. Y a-t-il un Inuk en attente, un ours *nanuk*, n'importe quoi qui nous tuera ? Tout cela arrive, vous savez. Nous nageons, nous filons sans entraves, rapides et puissants, à l'aise dans nos survêtements de cuir, enrobés d'une bonne couche de graisse, l'eau est bénéfique au sprinteur, au nageur, les poissons sont là qui ne demandent qu'à être mangés, et soudain, c'est nous qui passons à la casserole.

La vie du phoque est une partie de plaisir jusqu'à preuve du contraire. Cette preuve existe, c'est un épaulard, un chasseur, une surprise et une déroute, une balle dans la tête, cette tête que j'ai la mauvaise habitude de sortir de l'eau, comme un homme à la mer, cible invitante pour l'humain qui est porté à tuer ses semblables.

Toutes les raisons sont bonnes à qui veut se débarrasser de son chien. Voilà ce qui m'arrive. Pour mieux me faire la peau en bonne conscience, vous avez inventé cette fable à propos de ce que vous appelez curieusement « les stocks de morues ». Bien sûr, il ne viendrait pas à l'idée d'un phoque de « stocker » la morue, mais, de plus, nous avons beau en jaser entre nous, nous n'arrivons pas à saisir l'argument. Vous dites que nous sommes la cause principale de la disparition des grandes quantités de morues dans le golfe du Saint-Laurent. Mais avez-vous pensé une seconde à l'affaire ? Durant des millions d'années, en l'absence des pêcheurs humains, nous, les phoques, avons vécu dans une mer de morues. Elles étaient innombrables et nous étions nombreux. Rien de ce qui arrive aujourd'hui ne s'est jamais produit dans le passé. Suspect...

Je suis le phoque, le Barbu, l'Annelé, le Groenlandais, le Commun. Je me repose sur une crêpe de glace, je glisse dans l'eau mordante, je siffle, je crache, au fond je ris. Je suis un prédateur à l'âme dure, de bonne humeur dans un environnement inhumain, apparemment insupportable ; je me délecte du large aperçu à fleur d'eau, mon œil voit ciel et mer, d'étoiles en gouttelettes et de gouttelettes en étoiles. Avez-vous jamais contemplé la lune pleine, couché sur le dos, au milieu de l'océan, en novembre, par une nuit froide et berçante, la lune qui s'étale dans la mer, une lune pénétrante qui fait réfléchir ?

Je suis l'urubu

La sentinelle de la dernière scène

JE SUIS LE VAUTOUR À TÊTE ROUGE, l'observateur en uniforme, le nettoyeur licencié. J'ai bon œil et j'ai grande patience. Je suis là, sur la touche, et je guette. Tête chauve, face de dinde, bec crochu, cou ridé, allure de spectre, esprit de coyote ; le plus beau des rapaces. Je suis l'Urubu, le fier Urubu de la Charogne, je joins la compagnie des Corbeaux et des Corneilles au service du nettoyage général des bords de route. Voici trois de mes compères sur des poteaux de clôture, deux autres sur la branche morte d'un pin solitaire. Puis nous voilà en patrouille aérienne, tournoyant dans le ciel, reproduisant le cercle de la vie ; nous dansons autour d'un seul but, la mort du vivant.

Nous savons depuis longtemps que la vie meurt. Et nous prenons cette mort au sérieux. Il n'est pas question pour nous que les restes se perdent ; nous avons la noble mission de recycler. Je surveille la marmotte qui va de son terrier, de ce côté-ci de la route, à son coteau ensoleillé, de l'autre côté. Un jour ou l'autre, elle se fera écraser par une voiture. Alors, ce sera à moi de jouer, d'entrer en scène pour réclamer, avant le corbeau, avant les mouches, la part sacrée de l'urubu. J'aime la chair fraîche de la mort tout juste advenue. Je suis plus opportuniste que charognard, je déteste les plats passé date. C'est peut-être surprenant, mais je suis comme ça, une sorte de bec fin, le gourmet dans la tribu des vidangeurs. Vous voyez la mère chevreuil avec son faon? Il suffit de les suivre. L'automne viendra, la neige tombera, elle tombera encore et la nourriture se fera rare. Je les verrai s'affaiblir, jour après jour, d'un lundi trop froid à un mardi gelé, et j'attendrai leur heure.

Les vautours ont un cœur, là n'est pas la question. L'urubu a la tête de l'emploi, c'est tout, il en a aussi l'esprit. Je suis lourd et léger, tout à la fois, lourd comme la gravité de la question, léger comme la fragilité de l'être. J'ai de l'aigle l'envergure, mais du corbeau l'augure. Que voulez-vous, la liberté a son revers, qui sera sa défaite: tous les voyages ont une fin, toutes les vies ont un chapitre ultime.

Je suis le survenant, en provenance du sud, espèce d'hurluberlu qui étonne et qui détonne. Je mets une touche de rouge dans la morne monotonie des terres laurentiennes, un peu de piment dans la grisaille des villes quand j'y passe. Un formidable courant d'air nous a portés jusqu'ici, un courant historique, maître des destinées, nous a guidés vers une nouvelle terre promise. Nous nous doutions depuis longtemps qu'il y avait un butin dans ces vastes espaces, mais personne n'osait. Finalement, voilà qu'un pays s'ajoute à nos terres ancestrales. J'adore ces falaises, ces roches usées dans les recoins et vallées des collines précambriennes. Le paysage me plaît, quelques champs, beaucoup de forêts, des routes et des routes, tranquilles malgré tout, et des corps morts à la pochetée, ces chevreuils aux pattes trop effilées qui s'offrent dans la neige aux coyotes affamés, ces ratons laveurs imprudents qu'on trouve écrabouillés sur les routes ; la terre est généreuse pour l'urubu.

Mon envol est simplement magnifique, je plane et me laisse porter, le vent lui-même tourne en rond, il revient sur ses propres pas, le vent est un vautour, rien ne lui échappe. Il a, lui aussi, l'œil triste pour n'avoir jamais rien manqué de tous les drames du monde. Le vent a un visage plissé, la peau ridée, le corps puissant mais épuisé. Le vent est rempli de présages, il porte les odeurs rances de l'histoire, il annonce les changements d'atmosphère.

Je suis la sentinelle de la dernière scène, le convive mélancolique ; aucun urubu n'est cynique. Nous vivons en bande et nous jasons peu. Chacun connaît son rôle, personne ne s'interroge. Il n'est pas de sots oiseaux. Bien sûr, nous avons une tête particulière, nous nous nourrissons de cadavres. Bien sûr, nous sommes toujours là, au poste d'observation et de rassemblement, à tournoyer au-dessus de la vie qui bat et qui finit toujours par ne plus battre. Mais cela n'est rien en soi. L'urubu est digne, la nature nous a maquillé le visage d'un rouge cérémonie, nous avons hérité du port altier des grands oiseaux de proie, comme si la vie voulait souligner notre importance. Nous sommes dans le ciel comme des évêques sérieux en quête d'oraisons.

Vos ancêtres nous guettaient. L'humain fut longtemps un être dépendant, il marchait à l'aveugle avec des familles à nourrir, les yeux rivés au ciel, non pas pour regarder les étoiles, mais bien pour observer les vautours. Quand il nous voyait voleter, tourner, criailler, il suivait aussitôt notre mouvance, sachant qu'il allait vers une quelconque hécatombe. Oui, le vautour fait partie de l'histoire. Nous avons cheminé de concert, toi, le charognard pédestre, et moi, le seigneur aérien. Tous les deux, nous avons nourri nos petits, profitant de la mort des autres. Nous sommes pareils, en somme.

Voir un vautour, c'est voir la vérité, c'est voir ce que nous ne voulons pas voir. Il n'y a qu'à laisser aller la proie au bout de son destin, car nous sommes tous la proie d'un certain destin. Le vautour voit, le vautour sait, d'où mon œil taciturne, d'où ma veste de philosophe. Cette vieille vérité m'a bel et bien donné ma dégaine de croque-mort. Je suis un prince triste qui jouit calmement de sa sombre liberté.

Je suis la morue

L'humble poisson du mercredi soir

Je suis la Vieille Morue des Terres Neuves, j'ai nourri l'Europe en des temps religieux et difficiles, j'ai généré de grandes fortunes; je suis aux sources de l'Amérique, comme de l'or dans l'eau, comme un castor dans l'océan. *Bacalhaos* en portugais, *molues* en vieux français, nous fûmes grosses, et la mer fut grosse de nous. De lames en déferlantes, nous avons entraîné les humains dans les houles de l'Histoire. Je suis la morue salée, séchée, fumée, que l'on mangea à la petite semaine, durant des siècles, aux tables les plus humbles, je suis la morue pochée, fricotée, mitonnée, qu'on sert dans les bistrots parisiens. C'est pourtant la même morue, je vogue entre riches et démunis, de hauts-fonds en bas-fonds, et je prête le flanc tantôt à l'insulte, tantôt à la câlinerie, tel humain traitant l'autre de morue pour l'humilier, tel autre appelant sa belle Gaspésienne, très tendrement, *ma petite morue.*

D'ordinaire, les poissons n'apprécient guère les pêcheurs qui les traquent. Il en est autrement de la morue. Nous avons noué des liens très étroits avec les morutiers. Nous avons connu les Basques, les Bretons, les Portugais, les Espagnols, les Islandais, les Français et les Anglais. Tous, ils sont venus sur leurs pauvres barques, exposés au froid, aux vents tenaces, aux vagues, aux brumes, ils sont venus de peine et de misère, et dans cette dureté, ils ont planté leur destin, leur monde et leur espoir. Morutier, quel métier! Une religion, un sacrifice, une abnégation sans pareille. Les pêcheurs de morues sont devenus des morues eux-mêmes. Ils vivaient notre vie. Ils pensaient la même chose que nous. Ils ont tourné en rond dans le golfe, certains hivernaient, d'autres repartaient au loin. Nous avons connu le sel et le soleil, la fumée, les barils et les cales. Cela nous faisait honneur. Les pêcheurs nous ont mis sur la carte, et ils nous ont mis à la carte; tripes et langues, chair et foie, nous en avons rempli des assiettes et des panses, notre huile a même été, bien avant l'invention des suppléments alimentaires, la potion magique de la pharmacopée familiale.

Autrefois, là où les courants tièdes rencontrent les vagues du Labrador, nous nous retrouvions en très grande forme. La température de l'eau atteignait le degré idéal, nous avions toute la nourriture du monde, nous nous reproduisions joyeusement, si tant est qu'il existe un plaisir froid, sombre et mouillé, au fond des océans sub-boréaux. L'âme saline des poissons anciens baignait dans son bel équilibre. Il y avait des phoques, des requins, toutes sortes de tueurs, mais rien n'entamait notre force. Chacun vaquait à son affaire: nous mangions, nous nous faisions manger, les siècles s'écoulaient sans que rien vienne entraver notre course.

Le monde faisait alors dans le vaste et le parfait. Nous nous regroupions par millions, nous exerçant à l'art de la nage synchronisée, des armées et des bancs se déplaçant dans les courants comme des nuées dans l'air. Oui, nous étions de la taille des gros hommes, foi de morue! et nombreuses comme des sardines, innombrables sous l'eau, jusqu'à frôler les grèves. Cela grouillait dans l'Atlantique, nous brassions l'eau rien qu'à nous ébattre. La Nature n'est pas économe, elle est parfois démesurée.

Je suis la morue, l'histoire de l'Histoire, le début et la fin, je représente le drame de vos consciences. L'humain raffine ses pièges sans penser à demain. Vos immenses bateaux sont arrivés, vos moyens se sont multipliés et vous avez, sans fléchir ni réfléchir, vidé la mer de mon espèce. Les petits pêcheurs et les grosses morues s'entendaient depuis des générations. Nous connaissions les familles par leur nom. Nous étions du même monde. Vous ne verrez pas une morue à la banque, et les pêcheurs n'étaient pas des puissants. Oui, vos navires-usines ont patrouillé le large, écumant dans le tas, comme des débusqueuses qui prennent tous les arbres d'une forêt en une seule nuit; ce fut l'hécatombe. Il est des appétits de croissance qui sont des poisons de la vie. Cela faisait cinq cents ans que l'on tournait autour du sujet, il fallait bien en finir.

Jadis, les petits pêcheurs ont essayé de se sauver, ils ont cherché des coins, des baies, où danser en paix avec les morues en l'honneur de leur liberté. Mais que pouvaient-ils contre les *Robin* des mers et les requins de l'import-export? Nous, les morues, avons eu droit au traitement international avant que le mot *mondialisation* ne soit inventé. Comme le castor (sorte de morue terrestre des forêts), nous fûmes la pierre angulaire de la première économie, cause de vos exils, de vos explorations et de vos grands efforts. Au fil du temps, toutefois, vous avez perdu le cap.

Non seulement vous vouliez vivre, mais encore vous vouliez vivre millionnaires. Les milliards de morues sont devenues des milliards de dollars ; une fois devenues papier, pas moyen de revenir en arrière. La métamorphose ne fonctionne que dans un sens. Il fallait que nous disparaissions, comme le bison, pour que vous soyez ce que vous êtes.

Ces Terres ne sont plus Neuves et Cap Cod n'a de morue que le nom. Il n'y a pas de pourquoi, il n'y a qu'un comment. La Nature n'a jamais fait partie de vos plans. L'humain est humain, trop humain, il tourne le dos à l'endroit d'où il vient. Bateau de croisière, plage de sable, repos, rire, il aura fallu tout détruire pour que vous reconstruisiez un monde nouveau. La Morue appartient aux temps où vous pêchiez vraiment, du temps où la vie n'était pas un simple divertissement. La morue a la gueule toute simple de ce petit bateau de pêche qui pourrit sur la grève, inutile, suranné ; qui aurait dit qu'un jour, il n'y aurait plus assez d'océan pour nous ?

Je suis la morue simple des jours ordinaires, ni belle, ni laide, juste un poisson nourrissant, juste du manger, un mercredi soir, dans le creux de l'intervalle. Avec de la morue et des patates, tu peux passer l'hiver « à terre ». Vigneaux, villages, grèves et couteaux, ce qu'ils ont travaillé, les pêcheurs. Combien sont morts, avalés par les tempêtes, alors qu'ils me poursuivaient. Nous fûmes l'espoir de belles familles, fortes et ingénieuses, de villages abrités au fond des baies, accrochés aux rochers, accumulant les histoires de brumes, les cultes de brouillards et les deuils. Ces petites gens élevaient leurs enfants, ils dansaient, se réchauffaient, se levaient à la noirceur et ils partaient au large, passionnés, connaissants, ils allaient contre le vent de l'histoire et ils y tenaient fort.

Mon règne s'achève et mon triste destin, c'est aussi le vôtre. Je suis devenue *une prise accidentelle,* je n'arrive pas à grandir, nous ne sommes plus des centaines de millions. La mer s'ennuie dans ses profondeurs, elle a la nostalgie des grands bancs de poissons gris vert à drôle de barbillon. Je suis une recette de brandade, je suis une photographie ancienne – deux pêcheurs qui tiennent debout une morue de six pieds – fichée au mur des poissonneries modernes.

Je suis le polatouche
Un fantôme poilu

Je suis le polatouche – *pardon?* – le polatouche – *Paul qui?* – po-la-tou-che – *Paul Latouche?* Eh oui, je suis l'écureuil fantomatique aux yeux globuleux, le ni-vu-ni-connu du Grand Noir, et pourtant j'existe puisqu'on me retrouve dans vos classifications sérieuses sous les noms de *glaucomys sabrinus* (grand polatouche) et *glaucomys volans* (petit polatouche). *«Volans», dites-vous?* Bien sûr que je vole! Je suis le petit parachutiste à la fourrure cannelle, le trapéziste au ventre blanc dont les acrobaties resteront à jamais dans l'ombre, chez les humains, car le spectacle se joue à volets fermés. Au regard de mes congénères de jour, par contre, je suis un superhéros romantique, je dirais même, écologique, autrement plus spectaculaire que la chauve-souris, c'est moi le *Batman* des forêts obscures, sauveur de la communauté des arbres.

D'accord, je l'avoue: je ne vole pas, je plane. Mais c'est tout comme. J'ai une membrane secrète, des flancs jusqu'au bout des pattes, qui me permet de m'élancer de branche en branche, hardiment, lestement, comme un oiseau, les oiseaux même s'y trompent! Curieux, énergique, aérien et furtif, voilà ma manière. Pour le polatouche, il n'est pas question de marcher, pas question de se mouiller. Sur le sol, je suis lourd et, dans l'eau, je me noie. Dans l'eau d'érable, même. Eh oui, je confesse un bec sucré qui, avec l'effervescence du printemps, me fait plonger dans les seaux gorgés de sève d'érable. Par contre, entre deux arbres, en plein vide, je suis agile, je fais de la haute voltige, je me surprends moi-même, je vois les choses de haut, je vois le monde de loin.

Moi polatouche, je suis le maître des reflets imperceptibles, l'héritier d'une manière ancienne et démodée : reluire sans pour autant briller. En cette époque de clarté furieuse, vivre dans l'ombre relève du plus grand exploit. Mais la noirceur est mon domaine et je tiens à elle comme à la prunelle de mes yeux. J'ai d'ailleurs de gros yeux et ils voient si bien dans le noir que la moindre lumière me blesse. Les premières lueurs de l'aube me poussent dans mes retranchements. L'être nocturne est une âme sensible. Cette âme sait des choses que personne ne sait : la clarté est aussi cruelle que le soleil est cru. Un de vos grands poètes, monsieur Victor Hugo, n'écrivait-il pas : *La lumière pénètre en nous en même temps que la douleur?* Le polatouche vit dans la crainte des commutateurs, des lampes de nuit, des phares éblouissants. Point n'est besoin de flash pour être illuminé. Vous pensez qu'il faut tout éclairer pour mieux voir. Nous pensons au contraire que seule l'obscurité révèle l'essentiel.

Connaissez-vous l'histoire du Grand Polatouche qui, par une nuit noire de 1703, a sauté du grand Pin de la Paix jusqu'au Tamarack de la Tendresse, une distance de cent pieds, afin d'échapper au Grand Duc qui le guettait, pour ensuite alerter la Grande Polatouche qui a immédiatement transporté ses petits, un à un, de l'Arbre Mort à l'Arbre de la Vie (un merisier en renaissance) en vue de les cacher dans un trou creusé par le Grand Pic, aujourd'hui décédé, mais qui a tant vécu et tant gossé que personne ne peut compter les arbres qu'il a jadis sculptés pour lui-même, bien sûr, mais pour nous aussi, les polatouches? Cependant, qui connaît, en ce siècle des néons, les strophes magiques qui donnent une vie profonde aux espaces les plus creux?

Je suis un fantôme poilu, un frisson dans le noir, je suis un être à l'écart. Je vis aujourd'hui comme il y a un million d'années, hors de la conscience des hommes, dans l'infini pays des branches et des lacs, là où l'Ontario s'appelle rivière Severn, où le Québec se dit Michinemecus, je suis à l'île à la Crosse, au lac Froid, à la rivière à la Fourche. Je cultive l'esprit du nid, au berceau des cajoleries et des enroulements. Oui, le jour est fait pour dormir et disparaître, dix polatouches noués, entrelacés, au cœur d'un arbre protecteur, toute la famille, toute la parenté, réchauffons-nous les uns les autres dans l'odeur du bois mort, sous l'éclairage bienveillant de la lune, loin des couleurs criardes et des cacophonies diurnes.

Nous, polatouches, avons le cœur tendre et, comme tous les êtres sensibles, un petit côté, comme vous diriez, *humanitaire*. Aussi, en plus de manger des graines de cocotte, du lichen et des insectes, nous nous faisons un devoir de grignoter une sorte de petits champignons qui poussent autour des arbres dans un pacte d'entraide mutuelle : ces champignons nourrissent les racines des arbres et les racines nourrissent les champignons. Moi, je m'empresse de faire proliférer ces mycorhizes, disséminant mes petites crottes pleines de spores un peu partout dans les sous-bois. Et voilà de belles forêts bien grasses et verdoyantes. Vous l'aurez deviné, j'aime les pins matures, les épinettes bienheureuses, les arbres qui meurent de leur belle mort, j'aime la Nature à l'ordre. Ne soyez pas surpris d'apprendre qu'un écureuil qui peut planer quinze mètres d'un arbre à l'autre, avec un de ses petits dans la bouche et sa queue gouvernail pour se diriger droit vers un tronc, fasse campagne pour le « bois debout ». J'ai besoin de nœuds, de creux, de chicots secs et droits, de futaies, et je m'implique, je fais ma part, je fais mes petits gestes pour que Forêt soit en santé.

Il n'y a pas de polatouches sur l'autel des coupes à blanc. Là où l'humain déboise, le polatouche fait ses valises, il plane vers d'autres refuges plus ombragés. Je vais vous donner un conseil et un truc. Le conseil : ne détruisez pas les forêts du monde. Le truc : si une vieille forêt entoure votre maison, laissez grandir les arbres dans votre jardin pour que je puisse voler de l'un à l'autre, jusqu'à un dernier gros conifère près de votre terrasse, où nous pourrons nous donner des rendez-vous d'été, à minuit. Vous verrez, je suis de bonne conversation.

Dites Polatouche comme vous dites Poésie. D'ailleurs, monsieur Victor Hugo, encore lui, n'a-t-il pas prononcé ces mots au moment de mourir : *tout se résume au jeu de l'ombre et de la lumière?* Sans le savoir, il venait de trouver la devise immémoriale des polatouches. Un polatouche, ce n'est peut-être pas grand-chose, mais c'est tout de même un reste de rêve, le confident de votre insomnie. Je vous vois par la fenêtre quand vous veillez, angoissés souvent, inspirés parfois, vous seuls debout alors que ceux de votre espèce dorment. Des images vous viennent en tête, des étoiles dans les yeux, un moment vous recueillez dans votre cœur des miettes et des poussières en provenance de la Voie lactée, nuées et nébuleuses, des parcelles de vérité…

Je suis la tortue
L'atlas élémentaire

JE SUIS UNE ÎLE, *Mackina*, le dos rond et raboté de la terre. L'eau, le vent, le sable, tout m'est passé sur le corps. La tortue vit très vieille, une centaine d'années facilement, l'espèce elle-même bat les records d'ancienneté. Voilà pourquoi nous sommes démodées, sorte d'anomalie dans un monde qui ne s'enorgueillit plus des signes gravés par le temps. Je suis un totem oublié, peu de gens savent que je suis encore là, dans le bois, à cratapouiller dans les souches humides au bord des criques, autour des roches ou dans la boue noire des cédrières. Je suis à moi seule les quatre points cardinaux, les lignes du destin, le partage de l'espace, les cartes géographiques, le cosmos, oui, le cosmos, la représentation du monde avant que le monde n'aperçoive le monde.

La planète est une île dans l'Univers, c'est une montagne, une péninsule, une terre. J'ai besoin de tout cela, moi la marine, moi la terrestre, qui s'éternise sur le sol, qui s'évade dans l'océan, moi qui suis le lien entre l'aérien et le souterrain, entre le sec et l'humide, entre le lisse et le rugueux. Je fus le clan de tant de sociétés que je ne me rappelle plus les détails du voyage. Car la tortue est sage et la sagesse doit beaucoup à l'oubli. Il est sain d'être économe de ses souvenirs; la mémoire ne nous fait pas défaut pour rien. Sa perte nous défend contre les marées dévastatrices des nostalgies océanes. Ah! si je devais tout garder dans ma tête, pour ne pas dire toute ma tête, j'aurais besoin d'une deuxième carapace. J'ai tant vu le monde changer.

La terre est patiente et la tortue l'est autant. J'ai la forme du vieux, une face très ancienne, une peau érodée, une démarche qui appartient aux ères où nul ne prononçait le mot *vélocité*. Qui a dit qu'il fallait arriver? Qui a tracé une ligne de départ et qui a tendu un fil à la fin? Quel moraliste a introduit la notion de course dans la notion de vie? Je ne pars pas à point, je n'ai pas d'objectif. Je suis l'incarnation de la tranquillité. J'ai la lenteur réfléchie des pierres. J'avance à pas de continent. Qui dérive lentement verra tout de son propre mouvement.

La tortue est un tableau, la tortue est une carte. Je suis une exposition permanente et c'est bien pour cela que je suis lente. Il faut prendre le temps de me lire, de me décrypter. Un vieux paysan chinois d'avant l'époque des Royaumes combattants m'a prise dans ses mains. Il a découvert la finesse de mes lignes en examinant mon ventre dur. Il a vu des carrés, des rectangles et des triangles. Puis il m'a caressé le dos, il a senti mes courbures, mes rondeurs. Alors, il a uni le rond au carré, tenant là le code secret de toutes choses. Oui, mes pattes sont des piliers, les quatre colonnes du temple universel. Ma tête qui entre et qui sort suggère le phallus, ce que les humains n'ont jamais manqué de remarquer. Une fois recroquevillée, je deviens un vagin. Sexe, sagesse et longévité, que voulez-vous de plus ?

Je suis bonne à manger, il semble que je sois une bonne soupe dans un bol renversé. Les Anciens ont longtemps cru que ma chair avait des vertus magiques, pour le meilleur et pour le pire. Je suis poison et antidote, aux frontières de l'alchimie et de la gastronomie. Je suis surtout bonne à penser, comme en témoignent toutes ces belles histoires à propos de mes dons. Je connais le passé, je connais le futur, je soigne, je donne de la force et de l'intelligence aux humains. Je fus augure et parchemin, synthèse de la totalité cosmique, première roue, premier chariot. Ma statue trône à l'entrée de la Cité interdite de l'empire du Milieu.

Le drame absolu pour une tortue est de se renverser. Une tortue sur le dos, voilà bel et bien le monde à l'envers. Remettez-moi sur mes pattes, je vous en serai reconnaissante, c'est une question de vie ou de mort. Il n'est pas bon que le monde se renverse. Les choses alors sont en désordre, l'esprit se dérègle, plus rien ne se rattache à rien et le sens de la vie s'en trouve perdu.

Permettez-moi un brin de philosophie : devant l'obstacle, nulle tortue ne s'obstine. Car nous avons appris que tout se contourne. Il suffit d'y mettre le temps. À la limite, quand nous n'avons pas vu venir le coup, nous encaissons. Se relever, retomber sur ses pattes, retrouver son équilibre, reprendre son souffle et continuer, n'entendez-vous pas là les principes élémentaires d'un programme tout à fait simple ?

Regardez mes lignes, admirez ma courbure, vous avez pris mon nom en algonquien pour en faire un mot français désignant un coupe-vent au dos rond. Un *makina*, c'est un petit parka. Mais voilà autant d'expressions qui tendent à disparaître. Comme moi, d'ailleurs. Avez-vous consulté récemment les statistiques sur le nombre de tortues qui subsistent dans les forêts du Canada? Et ma cousine du Sud, la tortue luth, l'avez-vous aperçue qui nageait vers le nord? Parfois, elle visite discrètement le golfe du Saint-Laurent. Certaines de son espèce ont remonté le fleuve, jusque loin en amont. Elles me cherchaient peut-être, moi la tortue de terre, afin de tenir réunion, de partager nos mémoires colossales. Nos échanges sont toujours des discussions de fond.

Makinaw, Michillimakinak, Mékinak, lac à la Tortue, île à la Tortue, ruisseau à la Tortue, que de noms de lieux ne m'avez-vous pas consacrés. Mais les temps modernes sont durs. De la Grande Tortue des Grands Lacs, je suis devenue la petite tortue suppliciée dans les aquariums pour enfants ; quel destin pour la tortue symbole, le cercle à quatre pattes, l'atlas élémentaire et original qui supporte le monde. Oubliée dans un carré de verre, emprisonnée dans un appartement, télévision en angle qui joue les tortues *Ninja* à longueur de journée, cela finalement peut venir à bout de notre patience légendaire.

Dire que j'avais de si belles histoires dans ma besace. C'est sur mon dos qu'est tombée la déesse des cieux, la grand-mère originale. Et c'est moi qui ai donné aux animaux leurs niches respectives : l'aigle dans l'air, le poisson dans l'eau, le rat musqué qui va chercher dans le fond de la mer sa petite poignée de boue pour façonner une presqu'île, le lièvre qui fait des bonds, des cercles, et qui circule et qui court pour agrandir cette terre où pousseront les arbres, où reposera le silex, où couleront les rivières, où se bâtiront les villages, où se formeront les clans, cette terre où enterrer les morts.

Le seul lièvre que j'ai réellement connu – n'en déplaise au précieux La Fontaine – c'est le Grand Lièvre du Michigan, celui qui a créé le monde. Vous voyez combien je suis associée aux origines et, comprenant cela, vous saurez mieux la nature de ma forme. J'évoque la pelure, les écailles superposées, les couches sédimentaires, les cercles de croissance ; à la fois dure et molle, je dis la maison, le repli et les plis, j'appelle la structure, le dessin, la sculpture. Je suis une coquille, le refuge ultime, le retour en soi.

Je ne suis rien d'autre que le monde dans son unité, sa densité et sa gravité. Suivez-moi des yeux et constatez à quel point vous vous êtes éloignés de la nature pour vous engager dans le sens unique, celui de la vitesse et de l'accroissement. Vous n'en avez que pour le dynamisme, le neuf et le vif. Pour la tortue, le temps vaut infiniment plus que l'argent. Je suis pauvre de la pauvreté originale qui donne tout son sens à la vie. Le pas de la tortue est comme le pouls de la nature. Il est empreint de ses longueurs, il est l'empreinte de sa voie.

Je suis le grand héron bleu

L'oiseau majuscule

Je suis là, au fond d'une baie, les pieds dans le courant léger, à regarder dans l'eau. Je pense à l'écrevisse, à la grenouille et aux petits poissons. J'en ai vu du sable, des roches rondes, des algues noires. J'entends au loin la musique des rapides, le bruit du saut. La bruine s'affale sur le fleuve comme un grand voile. Le cri strident du carouge à épaulettes brise la cadence du vent, c'est le matin. Je suis long de partout, du bec, des jambes, du cou. Je suis le Grand Bleu, le Héron des matinées de l'Onde, la Héronne du crépuscule, le Héros des branchages entremêlés qui font des nids magnifiques, au sommet des arbres morts. Planté dans l'eau peu profonde, j'attends patiemment mes petites proies ; je suis le Héron bleu et lent, l'oiseau majuscule.

Le Clan du Héron était le plus beau clan du monde. Chacun se rappelle l'honneur d'être au temple des animaux tutélaires, dans le rang des Chevreuils, juste en face des Ours et sur le même pied que les Loups, entre le Corbeau et l'Aigle. Nous sommes des noms de famille, des lignées, des « appartenances », je veux dire des maisons et des déclinaisons d'aïeux, des souvenirs solides. Mon image totémique signifie le songe, le calme, le retour et le temps. Je chasse à la manière d'une grand-mère qui coud, comme une aiguille qui traverse le temps, ce petit point qui perce pour mieux réunir.

Je retournerai tout à l'heure me coucher dans mon nid. Je survolerai alors la cime des arbres, à grand battement d'ailes, régulier et puissant, ma tête dans le vent et mon cou replié, bel oiseau réfléchi dans la lumière du soir. J'arrêterai peut-être à un étang de ma connaissance, une pause dessert, une dernière pensée. J'y verrai le castor assurément, il est toujours dans les parages, quand ce ne sont pas les loutres ou les rats musqués. Dans les rivières et dans les mares s'agite une belle communauté. Je suis très proche de la tortue, mon amie historienne qui ne dit jamais mot. La rencontrer me fait du bien, car j'en apprends toujours, juste à croiser son regard. Je la respecte telle une consœur au panthéon des figures totémiques. Nous sommes tous deux membres de l'Académie des Animaux Honorables.

Oui, je retourne à la Héronnière pour y passer la nuit. L'intimité est chose bien secrète. Lorsque j'arrive, je vérifie. Le vison est venu qui a déplacé quelques branches. Il a fouillé, le petit fureteur, rapide grimpeur qui met son nez dans tout ce qui ne le regarde pas. Mais il faut bien qu'il remue, le nerveux, l'excité. D'autres oiseaux essaient parfois d'emménager dans mon nid. Bref, il est bon de revenir chez soi et d'occuper sa place. Je ravive la tête morte des beaux arbres séchés. Je me couche le ventre plein, la tête remplie de reflets. Fixer le fond de l'eau à longueur de journée n'est pas sans conséquence, cela donne des idées. Et puis, la nuit s'installe; du haut de mon perchoir, avant de fermer les yeux, je regarde les étoiles. Tout est scintillement, des ondes et des vagues, une sorte de balancement cosmique.

De mon nid, j'assiste à la parade du soir : la famille raton qui passe en file indienne, la mère rassurante et ses petits, masqués, qui se réfugient dans les arbres au moindre bruit suspect. Le renard affairé, toujours sur un coup, les effraies, vieilles actrices costumées, l'engoulevent, si aérien, si élégant, l'autour des palombes, inconnu, mystérieux, tous les acteurs défilent.

La souris panique pour un rien ; elle rejoint ses semblables afin de se colleter, se réchauffer, se rassurer ; le coyote désespère, il se cherche des amis qu'il ne trouvera jamais ; l'ours noir s'entend de loin, il ronfle et renâcle, sans dormir, se frottant contre les souches et remuant les pierres, balourd ; les soirs de pleine lune, le pinson Frédéric, croyant l'aube venue, se met à chanter à trois heures du matin, et puis il se rendort, gêné, penaud, promettant de ne plus se faire prendre ; toute la forêt vit, le jour comme la nuit, du vol plané du polatouche au cache-cache du colibri.

L'air est comme l'eau, il court, il est parfois rempli de turbulences, il passe et brasse des souvenirs, des rumeurs, des bribes évanouies, des formes de visage qui s'accrochent, dessins dans les nuages et nœuds dans les arbres, profils et fantômes, signature commune des esprits. Dans ce miroir, finalement, tout est un peu trouble. La réflexion est une déformation, un frisson sur une surface polie. Je vois des visages, j'entends des voix. J'appelle cela le fond de l'air. Rien ne se perd.

Le Grand Héron bleu, imaginez mon être, l'oiseau enluminé à force de soleil, à force de brouillards, tête dans la lumière, pieds dans le courant, l'oiseau calme aux airs de guetteur, l'ami des canards, des pluviers, des maubèches branle-queue, des goélands aussi. Oui, enluminé parce que rempli de clarté, de reflets nuageux, empreint de la couleur bleue du temps. Je suis le Héron des Hurons et des Iroquois, je porte huppe, l'oiseau *blues*, le grand échassier à la chasse, voilure majestueuse, bec mémorable, oiseau de prestige.

Lorsqu'un Grand Héron meurt, le ciel devient tout gris. Comme un rideau qui tombe, une lumière qui s'éteint, nous faisons procession dans le ciel, et nous chantons à très basse fréquence d'anciennes formules funèbres connues seulement des grues. Lorsqu'un héron naît, le ciel devient tout bleu, pareil au matin du monde, la première heure d'une belle journée. Nous célébrons encore, en récitant des psalmodies d'aigrettes. Que voulez-vous, nous sommes conservateurs, cérémonieux, pleins de manies et de secrets.

J'aime la marée, les eaux salées comme les douces. Les bords de mer m'attirent, quand la baie se remplit et quand la baie se vide, souffle éternel de l'océan qui respire. Sables, galets, anses, battures ; je suis statue de sel, j'enjambe élégamment les grandes algues flottantes, j'ai parfois la silhouette de cette vieillarde solitaire et nostalgique qui ramasse ses souvenirs au gré des vagues en marchant lentement sur la grève. J'empale sûrement de mon bec jaune les proies qui passent devant moi. Je suis un mangeur précis, un bec fin, un convive de classe. J'apprécie tellement le temps de mes dîners que je passe parfois la nuit à mon poste, oubliant l'heure.

Je suis là, toujours au bord de l'eau, à regarder le temps couler. Mes plumes sont faites pour écrire, mon bec est un bec de crayon, un beau crayon jaune. Le grand Guetteur est un scribe. La surface de l'eau est une page blanche. Depuis des millions d'années, le grand héron se demande : du roman de la vie, quel est le premier mot ?

Je suis le colibri

Un grain de beauté

JE SUIS LE COLIBRI À GORGE RUBIS, dit l'oiseau-mouche, je fais mon nid avec des écailles de cocottes, liées par du duvet et de la barbe d'épinette. Personne ne me connaît personnellement, je suis si petit, si rapide, que nul ne saurait saisir le détail de ma vie. J'ai un long bec, un bec de bécasse, un bec de courlis, une langue plus longue encore, je happe des insectes, je m'abreuve de nectar. Il y a tant de fleurs, tant de jardins sauvages, tant de recoins-surprise que je donne l'impression de manquer de temps. Je suce, je pompe, je bois, ces calices sont des fontaines, je m'enivre, je me gorge, je me saoule de toute la beauté du monde.

Être colibri est excitant et je suis d'ailleurs fort excité. Je me sucre le bec tout en restant les pattes en l'air. Comme un enfant qui mange du chocolat. Dans l'immensité de l'espace, je suis une puce d'énergie. J'arrive sans avertir, je repars comme l'éclair, mes petites ailes battent aussi vite que mon cœur (quatre-vingts battements à la seconde!), musique ronde, mesurée, le son parfait d'un réglage minutieux, je démarre au quart de tour, et je roule et je tourne dans la plus haute fréquence et dans la plus parfaite harmonie. Je suis merveilleux – une merveille de la nature –, aussi impressionnant que l'aigle royal, à l'autre bout de la chaîne des plus beaux plans de vol. Appelez-moi bijou.

Oiseau d'été, oiseau de paradis, je donne le ton à vos matinées indolentes, quand vous lisez sur la terrasse, au soleil du matin. Me voilà, le bec dans vos fleurs rouges, jaunes, orangées, je suis là sans même vous faire sursauter, et je disparais sans même vous déranger. Un clin de bonne humeur au-dessus de vos têtes, un grain de beauté; pour moi, la vie c'est du bonbon. Lorsque le soleil se couche, je me pose dans les sapins et les épinettes, sur des branches si petites que nul ne pourrait m'apercevoir. Je suis moins qu'une brindille, immobile, invisible. Je dors et me repose, il faut bien. Car mes journées sont épuisantes.

Colibri, un mot magique qui n'appartient qu'à moi. Collier, rubis; je brille et je suis libre, je butine, je vrombis. Je suis vrille, vroum... une abeille qui aurait épousé une libellule, un bourdon qui bourdonne, un taon qui tâtonne. Je vole à reculons, je fais du surplace, je file comme une fusée, je me transforme en hélicoptère, accélération, décélération, je suis une bombe, je suis un bond, je suis l'oiseau-mouche, l'imprévisible, l'excité de la classe, essayez de me suivre...

Oui, suivez-moi dans mes grands voyages aller-retour, du nord au sud, du sud jusqu'au nord, poursuivant la lumière de l'été; suivez l'incroyable long cours du petit oiseau-mouche, une fleur à la fois, de buissons à boisés, de La Macaza à Oaxaca, plus rapide que le clignement de l'œil, aussi résistant que l'oiseau tonnerre, moi, l'oiseau subtil, un poème qui tiendrait sur votre pouce, une idée bienfaisante que nul n'arrive à retenir. À la fin de l'été, je m'en vais en Floride, au Mexique, jusqu'au Costa Rica, vos destinations préférées. Je m'y rends par mes propres moyens, je voyage seul, empruntant des routes mystérieuses. Je suis capable de voler des centaines de kilomètres sans me poser, des heures et des heures de vol, c'est dire que je traverse le golfe du Mexique d'un coup, sans aller au bout de mes forces.

Je suis l'oiseau fabuleux. Imaginez des escadrilles de colibris, le vrombissement multiplié de nos ailes battantes, le passage d'une nuée dans la direction de nos voyages, des talles de colibris en mission, chacun suivant les autres à la manière des outardes, elles, bombardiers lourds, nous, chasseurs légers; imaginez des milliers de virtuoses du vol qui passeraient en formation serrée devant vos fenêtres. Autre chimère, il s'est longtemps raconté, peut-être le dit-on encore, que nous voyagions lovés dans les plumes des grandes bernaches. Il est certain que les anciens colibris ont envisagé la chose, mais il appert que l'entente ne fut jamais conclue. Les outardes jappent et jacassent, elles n'écoutent personne, surtout pas les poids plume. Nous sommes trop menus pour en imposer.

Je suis un phénomène de la nature. Tout petit, et pourtant né pour relever les plus grands défis. Traverser l'Amérique deux fois par année et faire le pendule sur une hauteur de quinze mètres, juste pour séduire, voilà un programme bien lourd pour un oiseau aussi léger.

Je suis le wapiti
Cul blanc, le Magnifique

JE SUIS *WAPITI*, la *Queue Blanche* des Algonquiens, la légende des batailles sanglantes et des amours flamboyantes, le puissant, le rapide et, autant le dire, l'élégant. Je suis un cerf spectaculaire, l'épateur de la galerie, l'Amérique rocheuse et sauvage, l'animal sacrifice, la bête sacrifiée. Fort comme le bœuf, léger comme le printemps, fécond comme l'été, une tête qui pousse telle la futaie d'un hêtre, qui tombe et qui se brise, mais qui repousse à chaque année, je suis le batailleur, le procréateur. Ne songeant qu'à l'amour, je n'ai jamais appris à me protéger.

Il brame dans le brouillard glacial d'un beau matin d'automne, le wapiti. Voici le temps de me battre, d'affronter, voici le jour de repousser les jeunes prétendants, de les impressionner, mes bois dans leurs bois, chocs, souffles et essoufflements. Cela est difficile, mais le harem en vaut la peine. Je suis le wapiti, le cerf par excellence, large poitrail et cuisses d'acier, silhouette de sauteur et de fonceur, cou de taureau, tête dure du bélier, tête haute surtout et tenue relevée. Il importe que je sois beau, les femelles ont l'œil ravageur. Pour les séduire, je m'épuise et je me vide, il arrive que mes combats me prennent tant d'énergie qu'il n'en reste plus pour continuer ma vie. Le rut est ma victoire, le rut est ma défaite.

J'étais jadis au Wisconsin, dans le Michigan, en Ontario et à Miramichi. Je nageais dans le fleuve, je traversais de Pointe-aux-Trembles à Boucherville, à la rivière L'Assomption ; les prairies naturelles étaient le théâtre de mes bravades. Je contournais aussi le lac des Deux Montagnes, en provenance de Massawippi. Oui, j'ai beaucoup aimé l'Estrie, avec ses champs et ses boisés. Mais, maintenant, mon domaine est plus étroit. Chassé de partout, traqué par des humains jaloux de ma force et de ma beauté, facile à tuer parce que trop concentré sur mes amours, j'ai dû déserter. Je me suis retiré dans le Grand Ouest où je poursuis mes illusions.

Je suis devenu une simple attraction touristique. Vous me verrez à Banff, au lac Louise, sur les routes de montagne et dans les parcs nationaux, vous me verrez sur les cartes postales. Je fais partie du décor et des mises en scène de la nature, de la campagne (publicitaire) de la sainte paix, je suis une image, comme la police montée, comme l'Indien pied noir en uniforme sioux, symbole de la liberté perdue. Que voulez-vous, j'en suis réduit à brouter les arbustes des *cottages* dans les stations de villégiature… ce qu'il ne faut pas faire !

Wapiti est le fantasme du roi chasseur, l'élan des Européens nostalgiques, rappel du grand cerf des vieux pays, quand ces terres étaient encore jeunes et que mes cousins pouvaient courir de l'Espagne jusqu'aux plaines de Moscovie, à travers d'immenses forêts. Le Noble est chevalier, il aime poursuivre, faire courir, il essouffle la bête, et puis c'est l'hallali. Je suis un joyau de la Couronne, on me retrouve sur les emblèmes, symbole du courage mais surtout de la mort, mon élégance allant jusqu'à mon dernier soupir ; je suis la proie de luxe, la grande chasse de la cour des grands, quasiment une joie primitive au pays des princes précieux qui jouent le rôle de guerriers sanguinaires afin de pallier leur impuissance. Quand il vient au Canada, l'esprit européen reconnaît dans le wapiti la vieille image enfouie dans les sédiments de sa propre mémoire, il revoit le cerf conquérant de ses anciennes forêts sacrifiées.

Mes andouillers sont aphrodisiaques, ma puissance sexuelle se concentre dans mes bois, le goût d'amour me sort par le dessus de la tête, mon idée fixe se pétrifie et se ramifie, imitant l'arbre de la jouissance, le buisson ardent de ma folie ; du moins c'est ce que dit l'humain, et cela l'excite. Alors le wapiti, comme le bison, est devenu bétail. C'est toujours la même histoire, les animaux sauvages finissent par payer le prix de leurs vertus notoires. Cela commence par un ouï-dire qui se transforme en légende, puis en mythe et en proclamation : *Les bois du wapiti sont une corne d'abondance !*

En vérité, ma force est entière. Fais-toi un manteau en peau de wapiti, mieux, un pantalon, tu seras vigoureux. Tu ressentiras ma force, tu sauras ma vulnérabilité. Mange de la viande de wapiti, tu guériras du mal. Et si tu ne guéris pas, mange de l'herbe magique des bois et des sous-bois. Et si le mal persiste, pense comme un wapiti. Le wapiti est une lumière de l'aube, la naissance du jour, le Grand Est, *Wapiti* du Wabanaki, le cerf vivant du Pays de la Lumière. Toute mort est une renaissance, je suis l'animal de la mélancolie, la tristesse naturelle de l'être absolument vivant.

Philippe le Bel, quatre heures avant de mourir, chassait le Cerf. Et il a vu sa propre mort dans l'agonie de la bête, une croix lumineuse est apparue entre ses cornes, la malédiction des Templiers. Ils sont nombreux, les cerfs magiques, ils l'ont toujours été de par le monde. J'aime ces histoires dans l'Histoire. Nous nous les racontons entre nous, c'est cela que nous bramons, de vallée en vallée, l'opéra de notre mémoire fabuleuse. Je suis le wapiti, le pendant américain de mes ancêtres célèbres d'Europe, le wapiti d'Asie, de Chine et du Cambodge, du Wyoming et de l'ancien pays des Illinois. Nous sommes des âmes errantes qui ne sont pas en peine, mais des âmes mortes qui courent dans le sillon de la vie; ainsi le pensaient les Pueblos Hopis.

Les humains modernes, eux, confondent l'élan, l'orignal, le cerf, le chevreuil et même, quel comble! le caribou. Pour eux, tout est dans tout. Pourtant, cette confusion résulte du monde nouveau et de l'ancien, de vues paradoxales qui se croisent et s'imbriquent, façons de voir et de nommer les animaux. Dites à vos enfants: le renne scandinave est comme le caribou américain. L'élan de Russie est tel l'orignal (*orignac* en basque) du Canada. Le cerf de Virginie s'apparente au chevreuil européen. Et le grand cerf des forêts polonaises, c'est moi, le wapiti.

Je suis le cul blanc – un beau postérieur en forme de cœur –, l'authentique valentin sauvage, l'originale poussée d'amour. Je suis le rescapé américain de la mauvaise conscience de l'Europe qui a depuis longtemps tué la déesse Artémis, grande amie du Cerf; elle le tuait aussi, car elle savait, en bonne païenne, que la vie et la mort baignent dans le même creuset. Je suis de cuir et de bois, de chair et de gras. Peau de wapiti, séchée, grattée, étirée, sur laquelle tu dessinais les formes des esprits bénéfiques et maléfiques, premières cartes géographiques destinées aux errants, où les images et les symboles illustraient proprement le poème de la fuite en avant, le théâtre de la flèche perçante, de la blessure profonde, et où, dans la dernière scène, l'œil veineux, la langue sortie, *Wapiti* meurt de la maladie incurable qu'est la vie.

Je suis le huard

Le plus beau des plongeons

JE SUIS LE GARDIEN SAUVAGE DES LACS, huard à collier, huard arctique, je suis là où il n'y a personne. Mon pays s'appelait Terre Inconnue des Hommes. Mon cri veut dire : Pays sauvage ! Éteignez votre radio, arrêtez vos moteurs, passez à la vitesse du silence, rétrogradez jusqu'au voyant *tranquillité*, déprogrammez votre GPS, écoutez mon cri, avertissement sublime. Pays sauvage ! Prière de prier ! Je suis gardien de la beauté primale du monde, je suis bedeau de la plus sacrée des basiliques. Je chante comme du haut du minaret, je chante comme l'angélus, je chante comme la vie qui dit sa gratitude d'être en vie.

Je me présente, moi, le huard. Avant de commencer mon témoignage, il faut bien que je vous avertisse. Je sais que les animaux ont tendance à se donner de l'importance ; vous, qui lisez ce bestiaire, avez dû noter la chose. C'est un penchant parmi les bêtes de se voir plus grandes que nature. L'estime de soi est si développée chez les animaux que l'on a vu des escargots vanter les mérites de leur lenteur gluante ; l'escargot se croit coquet. Je suis donc dans une position inconfortable, moi, le huard. Car, contrairement à la barbote, au vautour ou à la mouette criarde, je n'ai pas à plaider, je n'ai qu'à me montrer.

Le huard est le plus bel oiseau du monde, de ceux qui furent, de ceux qui sont, de ceux qui seront; nul n'imagine comment Manitou s'y prendrait pour concevoir meilleur ensemble (l'outarde tient de semblables propos, m'a-t-on rapporté, mais elle jacasse, elle jacasse...). Je suis un objet de design, une forme achevée, l'artiste n'a plus envie de me retoucher, il sait qu'il a produit son œuvre. Le huard est définitif. Avez-vous vu mon bec? Pointu, fin, proportionné. Et mon visage d'ébène? Jusqu'à mon cou dont la longueur est étudiée. Et je ne parle pas du jeu subtil de mes lignes, de mes points, de mes taches; le huard, je le dis, est un coup de génie. Je connais des animaux qui ne sont pas avantagés quant à leur apparence. Moi, je ne dis mot, étant un être rangé et délicat. Je souffrirais de porter ombrage, par mon indicible beauté, à quelque bête un peu brouillonne. D'où mon retrait du monde, sur les lacs écartés.

Je suis un être d'eau. Mes pattes sont des palmes. Sur terre, je ne sais pas marcher, je deviens ridicule et je sais que chacun rit de ma mauvaise posture. On se moque toujours des beaux et belles de ce monde quand ils perdent l'élégance autant que la contenance. C'est une bien petite revanche. Mais voyez-moi courir, oui courir, sur mon lac, lorsque je m'envole! De toute façon, je vais rarement à terre si ce n'est pour faire mon nid. J'essaie d'être le plus secret possible, question d'orgueil certes, question de sécurité surtout. La terre est pleine de tueurs; elle n'en vaut pas l'aventure et jamais huard n'a voulu l'explorer. Quand tu es l'âme d'un lac, tu ne veux pas être l'esprit d'autre chose.

Mes petits me montent sur le dos; ils prennent leur mère pour un bateau. Ils contemplent à satiété l'univers idéal dans lequel ils passeront leur vie. Couler des jours liquides à la surface des beaux lacs, voir la forêt de loin, un été sans mouches noires, sans maringouins, dans le vent confortable, là où il ne fait ni chaud ni froid, nés pour se baigner à longueur de temps, plongeant et replongeant jusqu'à devenir le plongeon même.

Mon cri est le chant reconnu de l'esprit sauvage. Il s'entend seulement dans le silence; un silence grave, assourdissant, à peine gêné par les passes du vent à la tête des arbres, par la pluie qui tombe, par le saut des poissons, par le dernier soupir d'un sapin qui meurt. Notre concert est un opéra sauvage. Rien n'est plus beau pour un huard que d'entendre la plainte d'un autre huard, et d'un autre, puis d'un autre, au coucher du soleil. C'est une musique d'ouverture.

Je suis le surveillant du jour et le guetteur de la nuit. De la nuit des temps. Pour percer le mystère du merveilleux, il faut s'y fondre, passer sa vie à la dérive sur un lac, ballotté par des mouvements légers, à ne rien faire qu'apprécier. Alors, des vérités se révèlent; nous ouvrons les yeux sur des tableaux qu'aucun huard n'a jamais pu commenter à sa juste mesure, même si nous le crions depuis des lunes… Nos lunes, d'ailleurs, touchent réellement à l'eau et s'y éparpillent, les étoiles sont des âmes qui brillent, la forêt est noire la nuit, verte au point du jour, grise sous la pluie; le lac est une place publique, je m'y mire, je m'enfouis dans ses profondeurs, parmi les échos des plus anciennes rumeurs : la truite grise est une déesse, le vent engrosse les crapauds, les grands brochets vivent mille ans.

Il est étonnant que le Canada ait retenu mon nom et mon image pour désigner son dollar. *Le huard dégringole, le huard reprend de la vigueur...* Les seules transactions que je connaisse sont les échanges entre l'ombre et la lumière, les passages entre les vagues et les nuages, la traversée des lacs par les orignaux flamboyants, le reflet d'or que produit le soleil quand il pénètre dans l'eau brune ; nul ne transige l'absolu. Je n'ai pas de prix, ma valeur ne saurait être fixée, personne ne peut me gérer, m'additionner. Mais je peux être facilement soustrait. Éradiqué. Le moindre bruit de moteur, un bateau rapide, des chalets, des arbres que l'on abat, tout cela me décourage et je m'efface dans la direction du vent. Il est si aisé de défaire le parfait !

Assez de vantardises qui n'en sont pas ! Les choses sont ce qu'elles sont, mais trop de perfection choque. Consolez-vous, je ne suis pas plus beau que la Nature qui m'entoure. Ma vie se passe tranquillement sur l'eau du lac Silence, entouré de forêts d'épinettes, je vois des vagues à longueur de journée, des vaguelettes, des petits plis, des petits souffles qui frisent la fleur de l'eau, je vois directement le ciel, ma perspective n'est jamais encombrée, je sens l'odeur de l'eau, et le plus excitant dans la vie d'un huard, c'est ce rien qui n'arrive jamais.

Nous, huards, sommes de grands amoureux, très pris par la chose conjugale. Nous vivons, voyageons, bâtissons et rénovons en couple ; à quelques escapades près, nous sommes inséparables. La perte de l'un rend l'autre inconsolable. Nous avons vu des veuves faire un plongeon ultime, sans retour, espérant rejoindre leur beau disparu dans l'abîme. Vous savez, les huards pleurent. Leurs larmes ruissellent une seconde le long de leur cou et tombent discrètement dans l'eau sans même faire un rond, quand elles ne se perdent pas dans le brouillard d'une matinée d'automne. Certaines légendes racontent que ce sont les pleurs des huards très anciens qui ont rempli les lacs sur lesquels nous flottons aujourd'hui.

Redoutable, cruelle, la Nature n'obéit qu'à ses lois ; la liste est longue des misères qui nous la font craindre immensément. Nul homme, nulle bête ne se trouve à l'abri de ces moments fragiles où, d'instinct, on reconnaît le danger. J'ai vu les tempêtes, les colères des grands lacs, les trombes, les neiges de juillet, les glaces imprévues, sans parler des prédateurs, et de la vieillesse, le plus dur à la fin. Malgré cela, nous voulons vivre envers et contre tous. C'est qu'elle est belle, la Nature, elle est le cœur de la beauté. Et dans ce cœur je plonge, dans la beauté je vis.

Bestiaire

Achevé d'imprimer en juin 2017
sur les presses de l'imprimerie Gauvin

ÉD. 01 / IMP. 04

RECYCLÉ
Papier
FSC® C100212